广州白云机场 T1 航站楼钢结构设计

李恺平　编著

中国建筑工业出版社

图书在版编目（CIP）数据

广州白云机场T1航站楼钢结构设计/李恺平编著
. —北京：中国建筑工业出版社，2022.4
ISBN 978-7-112-27152-8

Ⅰ.①广… Ⅱ.①李… Ⅲ.①航站楼-钢结构-结构
设计-广州 Ⅳ.①TU248.6

中国版本图书馆CIP数据核字（2022）第037591号

本书全面地介绍了一座典型现代大型航站楼——广州白云机场T1航站楼（一期及一期扩建工程）的钢结构设计。由工程概况、荷载与作用、荷载组合与规范验算、钢结构材料技术要求、主楼钢结构设计、连接楼钢结构设计、指廊钢结构设计、登机桥钢结构设计、连接桥钢结构设计、膜结构设计、钢结构防腐与防火设计、人字形柱和变截面空间组合钢管柱研究、超大跨度箱形压型钢板屋面研究、复杂节点研究等章节组成。可供土木工程行业工程技术人员和管理人员借鉴，也可供高校和科研机构的研究人员、教师、学生参考。

责任编辑：刘瑞霞
责任校对：党　蕾

广州白云机场 T1 航站楼钢结构设计

李恺平　编著

*

中国建筑工业出版社出版、发行（北京海淀三里河路9号）

各地新华书店、建筑书店经销

北京科地亚盟排版公司制版

北京建筑工业印刷厂印刷

*

开本：787毫米×1092毫米　1/16　印张：14½　字数：357千字

2022年4月第一版　2022年4月第一次印刷

定价：**68.00**元

ISBN 978-7-112-27152-8

（38700）

作者简介

　　李恺平，1967 年生于广州，1993 年毕业于同济大学，硕士研究生学历，获工学硕士学位，广东省建筑设计研究院有限公司结构专业副总工，兼任钢结构设计研究中心副主任和第二建筑设计研究所结构专业总工，广东省钢结构协会副会长，教授级高级工程师，全国一级注册结构工程师。从事建筑结构设计 30 余年，其中从事钢结构设计 20 余年，被广东省钢结构协会授予广东省钢结构事业二十五年杰出个人奖。作为技术负责人和主要设计人全程参与了白云机场航站楼一期至三期工程，以及揭阳潮汕机场航站楼、2008 奥运会老山自行车馆、广州大学城中心区体育场、中山博览中心等大跨度钢结构工程。

项目主要完成人简介

李恺平，本书作者。

李桢章，1948 年生，1986 年毕业于华南理工大学，大学学历，广东省建筑设计研究院有限公司顾问总工程师，教授级高级工程师。作为技术负责人参与了白云机场航站楼一期、一期扩建和二期工程。

廖旭钊，1973 年生，1996 年毕业于华南理工大学，硕士研究生，广东省建筑设计研究院有限公司第二建筑设计研究所结构专业总工，教授级高高级工程师。作为分项负责人参与白云机场航站楼一期、一期扩建工程，负责指廊钢结构设计。

李伟锋，1971 年生，1994 年毕业于浙江大学，大学本科，广东省建筑设计研究院有限公司珠海分公司结构专业总工，教授级高级工程师。作为分项负责人参与白云机场航站楼一期工程，负责主楼钢结构设计。

梁子彪，1978 年生，2004 年毕业于天津大学，硕士研究生，原广东省建筑设计研究院第二建筑设计研究所结构设计人，高级工程师。作为分项负责人参与白云机场航站楼一期扩建工程，负责连接楼钢结构设计。

陈文祥，1975 年生，1998 年毕业于华南理工大学，大学本科，原广东省建筑设计研究院第三建筑设计研究所结构设计人，高级工程师。作为分项负责人参与白云机场航站楼一期工程，负责主楼钢结构设计。

前　言

本书通过对广州白云机场 T1 航站楼的钢结构设计成果的整理，系统地介绍了典型的现代大型航站楼钢结构设计的主要内容和设计中新技术的研究和应用。

广州白云机场 T1 航站楼工程包括一期工程和一期扩建工程（又称东三、西三指廊及相关连接楼工程），一期工程始建于 1998 年，并于 2000 年进行了一期扩建，是国家"十五"期间重点工程项目，是我国民航建设史上第一个按照中枢机场理念设计、建设的典型现代机场。

一期工程结构方案和初步设计由广东省建筑设计研究院（现广东省建筑设计研究院有限公司）与美国 URS Greiner Woodard Clyde 合作完成，一期扩建工程结构方案和初步设计由广东省建筑设计研究院与美国 Thornton Tomasetti Group 公司合作完成，结构施工图设计和关键结构技术研究均由广东省建筑设计研究院完成。一期工程开展之初，广东省建筑设计研究院从第二建筑设计研究所和第三建筑设计研究所抽调技术骨干，组成机场设计组，负责航站楼的土建设计。一期扩建工程航站楼的建筑设计由新组建的机场所负责，结构设计由第二建筑设计研究所负责，机电设计由新组建的机电设计所负责。

20 世纪 90 年代末正值我国大跨度钢结构热潮兴起之时，白云机场 T1 航站楼采用了大跨度相贯焊接立体管桁架结构、超大跨度箱形压型钢板、变截面空间组合钢管柱、人字形支撑柱、新型体内预应力桁架、膜结构、长效防腐涂装、铸钢节点等多项新技术，对我国大跨度钢结构技术起到了很大的促进作用，也经历了时间的考验，这些技术值得总结、研究和推广。

基于多维数控切割技术的相贯焊接空间管桁架结构技术在当时是国内的一项新兴的建筑技术，相比早期的人工放样钢管相贯线加工，在加工精度、加工效率都有大幅提高，焊接质量更有保证、连接节点承载力更为可靠。但当时国内具有钢管相贯线加工能力的厂家并不多，我们在一期工程前期，对国内为数不多的几家有经验的大型造船厂和钢构厂进行了实地调研，同时对英国、美国、欧洲钢管相贯焊接技术进行了研究，并参考了其他工程的经验，提出了基于多维数控切割技术的钢管相贯焊接的新设计方法，设计了当时国内最大规模的相贯焊接空间管桁架结构，是国内最早采用多维数控切割技术的钢管相贯焊接结构之一。多维数控圆管和方（矩）形管相贯线切割技术在白云机场航站楼工程中的成功运用，大力推动了相贯焊接管桁架的应用。

超大跨度箱形压型钢板在我国是首次应用，此方案由 URS Greiner 提出，但在实施中并没有采用国外现成板材及技术，而是完全由广东省建筑设计研究院与国内施工单位和专业厂家共同探索、研发和制作，形成了一套有中国特色的箱形压型钢板技术。2001 年 9 月由白云机场指挥部、广州市建委、广东省建筑设计研究院组成考察队进行国内研制和生产箱形压型钢板能力的考察。不久之后，由上海宝冶工业安装工程公司轧制成功国内首块箱形压型钢板，并委托同济大学进行荷载试验，性能满足设计要求，证明在国内研发和制作箱形压型钢板完全可行。在一期扩建工程中，对箱形压型钢板进行了进一步的研究和改进，并委托华南理工大学建筑学院土建工程实验中心进行了载荷试验，试验结果与理论分析较为吻合。此项技术成为了白云机场航站楼一大亮点，具有很好的应用前景。

变截面空间组合钢管柱在我国也是首次应用，而且没有现成的规范依据、研究成果和设计经验。我们在白云机场 T1 航站楼工程对它进行了深入的研究，并委托清华大学结构工程研究所进行了非线性有限元分析和试验研究。呈人字形布置的梭形变截面空间组合钢管柱体系，结构受力合理、建筑造型轻巧美观，较好地解决了大跨度钢结构工程抗侧稳定性的问题，其成功应用，为大跨度钢结构提供了新的结构形式，这是白云机场航站楼的另一大亮点。

典型的现代机场航站楼由主楼、连接楼、指廊、登机桥、连接桥等建筑单体组成，本书全面介绍了现代机场各建筑单体的结构特点和设计方法，以供广大工程技术人员参考〔本书中如无注明，尺寸单位均为 mm（毫米），标高单位为 m（米），设计及计算内容仅供参考，如有修改恕不另行通知〕。白云机场一期建成至今已有 20 年，希望其中的经验能给大家提供有益的借鉴。

广州白云机场 T1 航站楼工程钢结构设计项目的主要完成人为李恺平、李桢章、廖旭钊、李伟锋、梁子彪、陈文祥。容柏生院士和陈宗弼大师分别担任了白云机场一期工程的结构设计审定和审核工作，此外梁志、陈晓航、劳智源、周敏辉、伍国华等同志也参与了 T1 航站楼的钢结构设计或现场服务工作。我们和广东省建筑科学研究院、清华大学、同济大学、天津大学、东南大学、华南理工大学等科研机构和高校进行了良好的合作，共同完成了风洞试验、屋盖风振分析、人字形柱和变截面空间组合钢管柱试验研究、大跨度屋盖稳定性研究、超大跨度压型钢板研究等多项研究和专项分析工作。好的设计都是团队合作和多方配合的结晶，借此机会向所有的参与本项目的人员表示敬意，向对本书提供协助的同志表示感谢！笔者一直从事建筑结构设计一线工作，繁重工作之余写就本书，水平有限，难免有不足之处，希望批评指正。

作　者

2021 年 3 月于广州

目　　录

1 工程概况 ··· 1

　1.1　项目简介 ··· 1

　1.2　建筑设计 ··· 3

　1.3　设计背景 ·· 15

　1.4　钢结构设计关键技术 ·· 15

2 荷载与作用 ··· 18

　2.1　竖向荷载 ·· 18

　2.2　风荷载 ·· 18

　2.3　温度作用 ·· 39

　2.4　地震作用 ·· 39

3 荷载组合与规范验算 ··· 40

　3.1　中国规范 ·· 40

　3.2　美国 ASD 钢结构设计规范 ····································· 43

　3.3　美国 LRFD 钢结构设计规范 ···································· 46

　3.4　欧洲 EC3 钢结构设计规范 ····································· 48

4 钢结构材料技术要求 ··· 49

　4.1　一期工程 ·· 49

　4.2　一期扩建工程 ·· 53

5 主楼钢结构设计 ··· 56

　5.1　混凝土结构楼盖 ·· 56

　5.2　混凝土巨型柱 ·· 57

　5.3　人字形柱 ·· 59

　5.4　钢屋盖结构平面 ·· 61

　5.5　钢屋盖主桁架 ·· 62

　5.6　不同程序分析比较 ·· 65

　5.7　不同规范验算比较 ·· 89

　5.8　结构稳定性分析 ·· 98

　5.9　屋面结构设计 ··· 101

　5.10　钢结构设计经济指标 ·· 102

6 连接楼钢结构设计 ·· 103

　6.1　一期连接楼 ··· 103

  6.2   一期扩建连接楼 ···································· 108

7 **指廊钢结构设计** ·· 116

  7.1   一期指廊 ·· 116

  7.2   一期扩建指廊 ······································ 119

8 **登机桥钢结构设计** ···································· 126

  8.1   结构设计 ·· 126

  8.2   节点设计 ·· 131

  8.3   钢结构设计经济指标 ···························· 133

9 **连接桥钢结构设计** ···································· 134

  9.1   结构设计 ·· 134

  9.2   结构规范验算 ······································ 141

  9.3   3 层组合楼盖验算 ······························ 143

  9.4   方（矩）形管相贯节点验算 ················ 154

  9.5   钢结构设计经济指标 ···························· 161

10 **膜结构设计** ·· 162

  10.1   概况 ·· 162

  10.2   材料 ·· 162

  10.3   设计准则 ·· 163

  10.4   主楼采光天窗 ···································· 164

  10.5   连接楼采光天窗 ································· 171

  10.6   雨篷 ·· 174

  10.7   节点设计 ·· 177

11 **钢结构防腐与防火设计** ·························· 179

  11.1   钢结构大气腐蚀 ································· 179

  11.2   钢结构长效防腐方法比较 ·················· 180

  11.3   钢结构防腐设计 ································· 183

  11.4   钢结构防火设计 ································· 186

  11.5   钢结构涂装实际效果 ························· 189

12 **人字形柱和变截面空间组合钢管柱研究** ··· 190

  12.1   概述 ·· 190

  12.2   数值分析 ·· 191

  12.3   试验研究 ·· 195

  12.4   数值分析与试验结果比较 ·················· 198

13 **超大跨度箱形压型钢板屋面研究** ············ 200

  13.1   概述 ·· 200

  13.2   板型设计 ·· 200

13.3 数值分析 ·············· 201

13.4 试验研究 ·············· 205

13.5 数值分析与试验结果比较 ·············· 208

14 复杂节点研究 ·············· 210

14.1 概述 ·············· 210

14.2 管桁架相贯节点 ·············· 210

14.3 人字形柱铸钢下支座 ·············· 213

14.4 人字形柱铸钢上支座 ·············· 213

14.5 人字形柱铸钢端节点 ·············· 214

14.6 新型三向受力球铰钢支座 ·············· 214

14.7 新型体内预应力桁架支座 ·············· 215

14.8 数值分析 ·············· 216

14.9 试验研究 ·············· 217

14.10 数值分析与试验结果比较 ·············· 218

参考文献 ·············· 219

1 工程概况

1.1 项目简介

广州白云国际机场位于广州市白云区人和镇与花都区花东镇交界处，是国家门户机场和重要的国内枢纽机场，是广州市的标志性建筑和广东省经济发展的重要窗口。

白云机场 T1 航站楼工程包括一期及一期扩建工程（图 1.1，图 1.2），概算总投资217 亿元（其中，一期 196.4 亿元，一期扩建 20.1 亿元），自 1998 年起历时 11 年建成，是民航和国家"十五"期间的重点项目之一。

图 1.1 白云机场航站楼一期及一期扩建工程鸟瞰图

图 1.2 主楼外景（实景）

1998 年，广东省建筑设计研究院（现广东省建筑设计研究院有限公司）受广州白云国际机场有限公司的委托，负责广州新白云国际机场航站楼（一期）的施工图设计工作（图 1.3，图 1.4），并与美国 PARSONS 公司和 URS Greiner Woodard Clyde 公司进行方案与初步设计配合。2004 年再受委托，负责一期扩建工程的设计工作。

图 1.3　连接楼外景（实景）

图 1.4　主楼室内（实景）

航站楼项目的投资约为 55 亿元，约占总投资 25%，是整个工程中投资额最大的项目。航站楼是整个机场的中心建筑，设计上融功能、技术、艺术为一体，达到 21 世纪设计水平。它用最现代的科技展现出现代中国建筑新风貌，并充分展现了广州南方改革开放窗口的时代特色和雄伟气势；它结构设计形式新颖、技术含量高、富有时代感。

航站楼一期工程的建设规模为 35 万 m²，包括主楼及相连通的东连接楼、西连接楼、东一指廊、东二指廊、西一指廊、西二指廊。2000 年 2 月开始设计，2000 年 8 月破土动工，2003 年 9 月建成，2004 年 6 月 30 日机场迁建工程通过国家验收。

航站楼一期扩建工程（又称东三指廊、西三指廊及相关连接楼工程，图 1.5）总建筑面积约为 15 万 m²，包括东三指廊、西三指廊、相关的东连接楼和西连接楼。2004 年 11 月开始设计，2006 年 8 月破土动工，2009 年 12 月建成，2010 年 1 月 21 日航站楼（以及站坪、供油）工程通过行业验收，2010 年 2 月 9 日正式投入试运营。扩建完成后，航站楼总建筑面积达到 50 万 m²，为已建成的全球十大航站楼建筑之一（表 1.1）。

图 1.5 一期扩建工程外景

已建成的全球十大机场航站楼建筑（按单个航站楼，截至 2011 年）　　　表 1.1

序号	工程名称	规模（m²）	建成时间
1	迪拜国际机场 T3	1,980,000	2008 年 10 月 14 日
2	北京国际机场 T3	1,200,000	2008 年 3 月 26 日
3	曼谷国际机场	750,000	2006 年 9 月 28 日
4	墨西哥城贝尼托·胡亚雷斯国际机场 T1（扩建）	675,000	2004 年
5	巴塞罗那国际机场 T1	648,000	2009 年 6 月 16 日
6	多伦多皮尔逊国际机场 T1（扩建）	576,000	2007 年
7	香港国际机场 T1	570,000	2000 年
8	昆明长水国际机场 T1	548,300	2011 年 12 月 17 日
9	迪拜国际机场 T1	515,020	2000 年
10	广州白云国际机场一期（扩建）	500,000	2009 年 12 月

1.2 建筑设计

1.2.1 总平面

建筑平面布置大致为南北朝向（图 1.6），主要由主楼和平面形状对称的东、西指廊及其连接楼组成。一期工程位于南面，包括主楼和一、二指廊及其相关连接楼；一期扩建工程位于一期工程的北面，新增三指廊及其相关连接楼。

各单体建筑物是相对独立的建筑物，在地上，主楼通过主楼东西两端的四条连接桥与连接楼相连接，连接楼通过指廊颈部的结构缝与指廊相连接，一期工程部分与一期扩建工

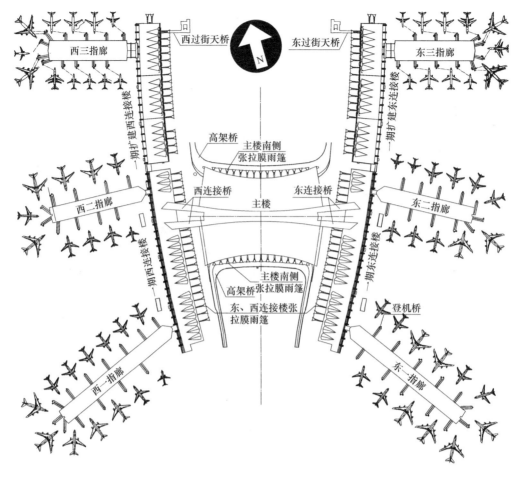

图 1.6 总平面图

程部分通过连接楼连接体处的结构缝相连接；在地下，连接楼与主楼在地下通过地下通道
与主楼地铁站厅相连通。

在连接楼的空侧（即面向飞行区一侧）和主楼南北两侧沿道路设置了膜结构雨篷，用
作候车雨篷。主楼南北侧膜结构雨篷位于高架道路之上。主楼南北侧高架道路直接到达主
楼三楼出发层，东西连接楼陆侧（即面向外部道路一侧）道路则从连接桥的桥底地面穿过。

1.2.2 主楼

主楼地下 2 层、地上 3 层。地下 2 层层高 7.668m，为地铁站台和轨道层；地下 1 层
层高 8m，为站厅层及设备用房；首层层高 4m，是地面层，为公共区办公室及行政支援
区、零售区、餐厅/食品中庭/厨房区及电力机械空间；2 层层高 3.5m，面积很小，实际
上是一局部夹层，主要为转港通道和设备房空间；顶层（3 层）（图 1.7）为出发厅，包括
办票大厅和公共区、零售及电力机械空间；3 层上方设有若干室内小屋和局部夹层。

楼层建筑平面形状大致呈矩形，尺寸大约为 310m×170m。采用两组圆弧轴网，纵向
（环向）轴网由两组圆弧轴线组成，横向轴网由两组径向轴线组成，典型柱距（除顶层外）
为 18m（环向轴线方向以指定轴线上的弦长测量）。

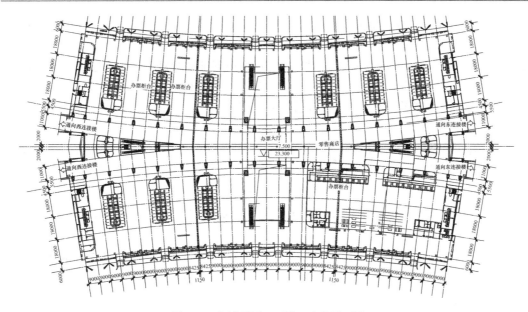

图 1.7　主楼顶层（3层）建筑平面图

顶层为高大空间，两列人字形钢柱沿外侧圆弧轴线布置，两列混凝土巨型柱沿内侧环向轴线分布，最大柱距 76.9m，顶层楼面距离屋面的最大高度为 48.384m。大柱距使建筑内部空间的分割可以满足各种需求，布置灵活且易于改动。

屋面（图 1.8）的形状为"龟背"状双向曲面，曲面的母线为圆弧。屋面的水平面投影

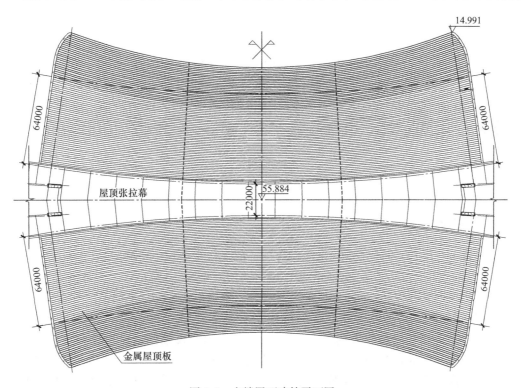

图 1.8　主楼屋面建筑平面图

上大致呈矩形，四边为双向弧形变化，水平投影尺寸大致为 325m×240m，平面具有两个对称轴。屋面四个方向均有悬挑，东西向从桁架边缘悬挑长度约为 5.8m，南北向从轴线外挑长度为弧线变化，变化范围约为 7.6～22.7m。屋面设有排水沟和虹吸系统进行有组织排水。

屋面采用铝镁锰直立锁边金属屋面，并设置玻璃纤维保温层。金属屋面通过 T 码和衬檩支承在超大跨度箱形压型钢板上。屋面板用两条横向结构缝分为三段，屋面分缝与屋盖钢结构及下部混凝土楼盖结构的分缝位置对齐。

顶层天棚不设吊顶，钢桁架外露，天花为超大跨度箱形压型钢板，板底设有吸声孔，以降低噪声和消除回声。光滑的天花表面极具装饰效果，同时提供最佳的天花表面间接光。

建筑中部沿纵向设置长条形采光窗，采光窗屋面采用 PTFE 涂层的玻璃纤维膜结构，具有半透光的效果，为出发厅提供了合适的自然光线。采光窗还起到了导向的作用，是出发点和登机点的纽带。

正立面稳重大方（图 1.9，图 1.10），屋面轮廓为弧形，由一组人字形柱支承着巨大的浅灰色金属钢屋盖，顶部为白色的膜结构，外墙为整面落地的淡蓝色点式玻璃幕墙，成为独特的标志性外观。

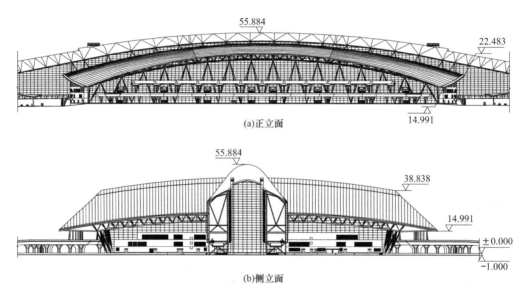

图 1.9 主楼建筑立面图

1.2.3 连接楼及连接桥

连接楼地上 3 层。首层层高 4m，为行李提取、行李搬运、机场支援、办公室及设备空间；2 层层高 4.5m，为办公室及支援区域；顶层（3 层）（图 1.11）为离港办公室及支援区域、零售区域、设备空间；3 层上方设有若干室内小房和局部夹层。

楼层建筑平面大致为扇环形，东西连接楼建筑平面基本对称。一期尺寸大约为 465m×54m，一期扩建尺寸大约为 373m×54m。采用圆弧轴网，典型柱距（除顶层外）为 18m×18m（环向轴线方向以指定轴线上的弦长测量）。

顶层为高大空间，屋盖主桁架一端落地（空侧），另一端支承在人字形钢柱上（陆侧），中间支承在一圆形截面混凝土柱上，使屋盖设计更为经济，且不影响建筑使用和建筑效果。

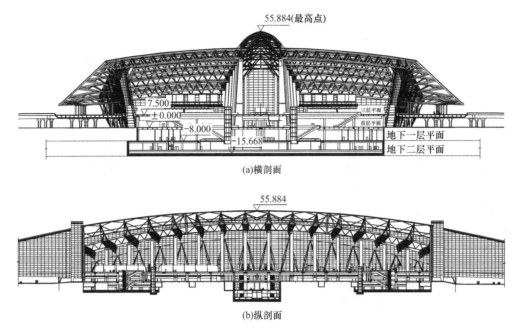

图 1.10　主楼建筑剖面图

屋面（图 1.12）的形状为单向曲面，母线（径向）为多段圆弧线，沿一条水平圆弧线扫掠生成屋面曲面。屋面的水平面投影为扇环形，长边为弧线，一期屋面水平投影尺寸约为 469m×64m，一期扩建屋面水平投影平面尺寸大致为 373m×64m。陆侧屋面悬挑约 8.2m。

屋面板均用两条横向结构缝分为三段，屋面分缝与屋盖钢结构及下部混凝土楼盖结构的分缝位置对齐。

顶层天棚设置吊顶，在屋盖内布置检修马道。

屋面上总共设置了 66 个采光天窗（老虎窗），老虎窗顶面采用 PTFE 涂层的玻璃纤维膜结构，采光侧面为半圆形钢框支承的玻璃幕墙。每个老虎窗通过三根钢拉索固定在屋盖上。一期扩建工程老虎窗顶面改用双层膜结构，减少了噪声的影响。

连接楼（图 1.13，图 1.14）空侧外墙为圆弧形点式玻璃幕墙，自圆弧形金属屋面圆滑过渡，幕墙玻璃单元采用 12mm（FT）透明白玻＋0.38mm 有色透明 PVB＋1.14mm 无色透明 PVB＋10mm（FT）透明白玻（由外向内）弯曲钢化夹胶玻璃，颜色为浅灰绿色，通透性能为中。落地桁架外露，玻璃幕墙位于落地桁架内侧，成为航站楼设计的又一独到之处。连接楼陆侧外墙为点式玻璃幕墙，屋面的老虎窗和屋盖下的人字形钢柱形成有韵律的排列，外观新颖别致。

连接楼是主楼和指廊之间的连接部位，连接楼与主楼和与数道东西指廊相连通（图 1.15，图 1.16）。

1.2.4　指廊及登机桥

指廊地上 3 层。首层层高 4m，为机坪操作、服务车辆停放区及设备空间；2 层层高 4m，为到达走廊及相关的支援区域；顶层（3 层）（图 1.17）为旅客候机区、零售商店和相关的区域；3 层上方设有若干室内小房和局部夹层。

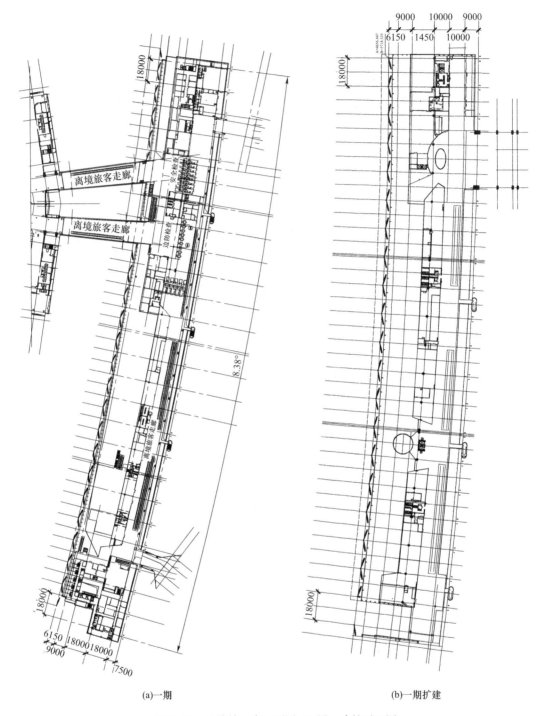

(a)一期　　　　　　　　　　　　　　　　　(b)一期扩建

图 1.11　连接楼（东）顶层（3 层）建筑平面图

　　楼层建筑平面为矩形，东西指廊建筑平面基本对称。一指廊平面尺寸为 345.5m×34m，典型柱距（除顶层外）为 10m×12m；二指廊平面尺寸为 239m×34m，典型柱距（除顶层外）为 10m×12m；三指廊平面尺寸为 211.3m×45m，典型柱距（除顶层外）为 11m×9m 和 13m×9m。

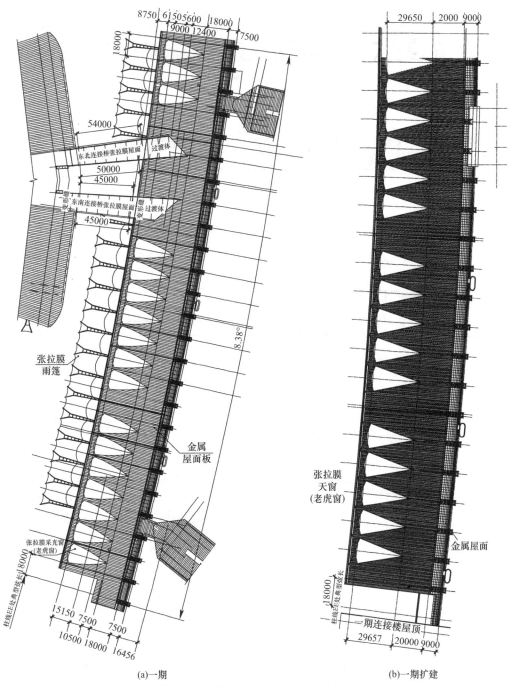

(a)一期

(b)一期扩建

图 1.12 连接楼（东）屋面建筑平面图

顶层为高大空间，由两列排架柱支承钢屋盖。一、二指廊的排架跨度为 24m，柱距（纵向）为 12m；三指廊的排架跨度为 35m，柱距为 9m。大跨度空间使建筑分割灵活。

屋面（图 1.18）为狭长的"龟背"形双向曲面，母线为圆弧。屋面的水平投影大致为矩形，一指廊水平投影尺寸约为 340.5m×38.6m，二指廊水平投影尺寸约为 234m×

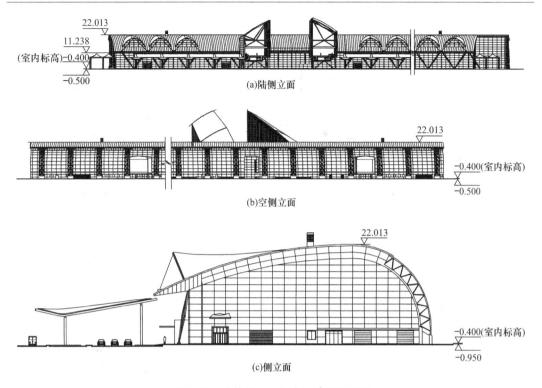

(a)陆侧立面

(b)空侧立面

(c)侧立面

图 1.13　连接楼（一期东）建筑立面图

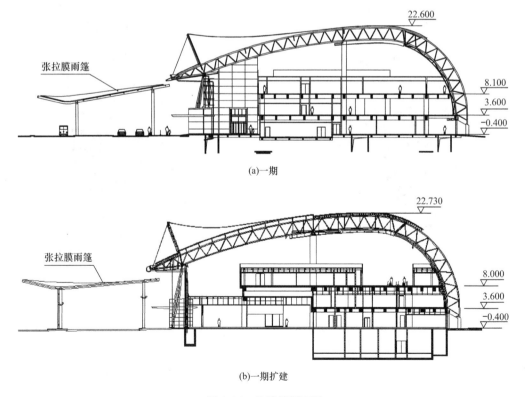

(a)一期

(b)一期扩建

图 1.14　连接楼剖面图

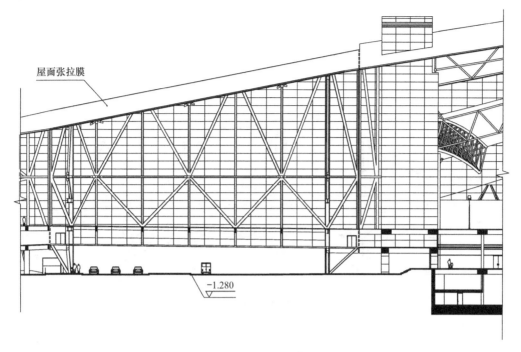

图 1.15　连接桥（东）建筑立面图

38.6m，三指廊水平投影尺寸约为 207m×50m。

屋面采用铝镁锰直立锁边金属屋面。一指廊屋面板用两条横向结构缝分为三段，二指廊和三指廊屋面板用一条横向结构缝分为两段。

指廊天棚和主楼一样不设吊顶，钢桁架外露，天花为超大跨度箱形压型钢板。也同样有一条通长的采光天窗，与出发厅的天窗相呼应，提供了适当的自然光给指廊候机走廊。指廊里的光线和光影相应变幻，创造出另一个独特的景色。一期工程屋盖桁架下弦为水平放置，一期扩建工程屋盖桁架下弦改为向上弯曲，使室内空间显得更为高大（图 1.20）。

指廊是航站楼向外延伸的部分，看上去就像鸟的翅膀。正立面（纵向）（图 1.19）屋面轮廓为圆弧形，外墙采用点式玻璃幕墙。与登机桥连接的开间外墙采用金属屋面板，自屋面延伸下来。

登机桥（固定端）采用自行设计的非成品登机桥，沿指廊的侧边布置，各指廊登机桥的数量为：东一指廊 12 条，东二指廊 11 条，东三指廊 11 条，西一指廊 13 条，西二指廊 10 条，西三指廊 12 条，共 69 条。

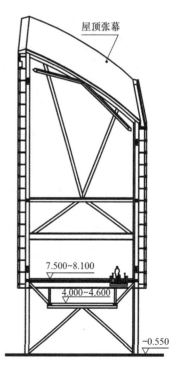

图 1.16　连接桥（东）
建筑剖面图

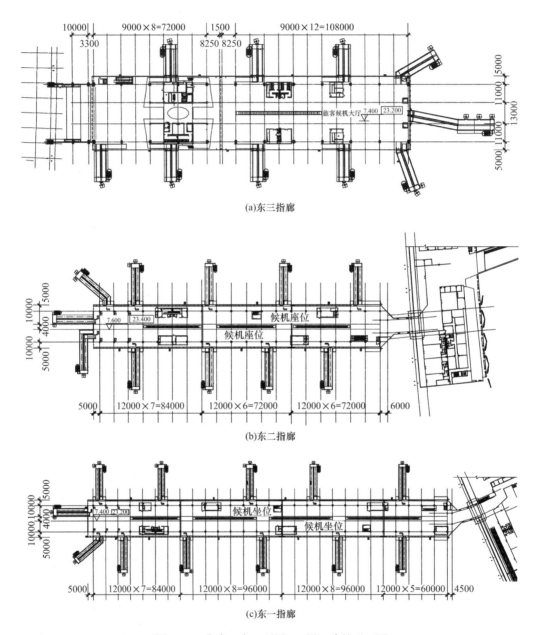

(a)东三指廊

(b)东二指廊

(c)东一指廊

图 1.17　指廊（东）顶层（3 层）建筑平面图

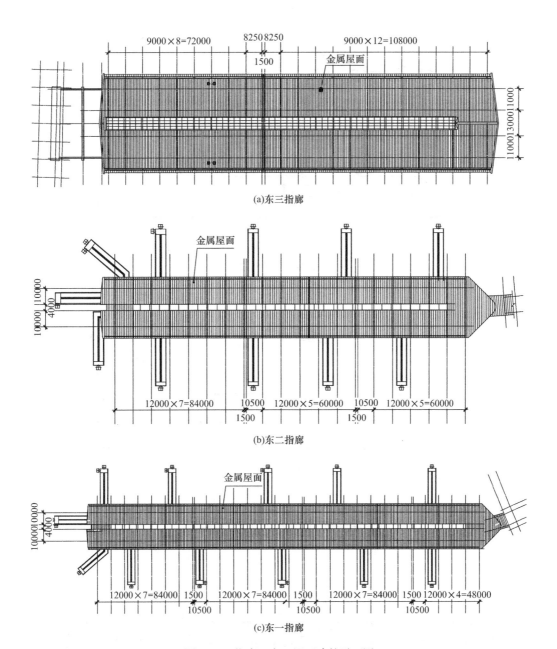

图 1.18　指廊（东）屋面建筑平面图

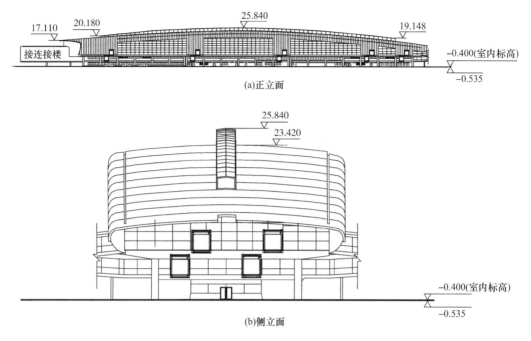

图 1.19 指廊（东二）建筑立面图

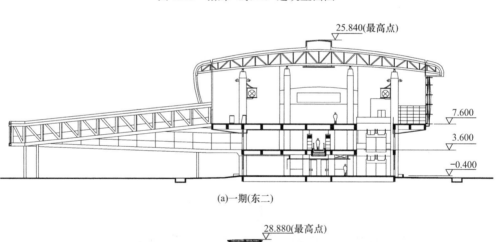

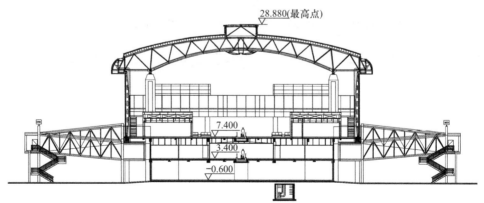

图 1.20 指廊建筑剖面图

1.3 设计背景

白云机场设计始于 2000 年，航站楼主体结构采用大跨度钢结构体系，采用了多种创新、先进的技术，航站楼钢结构设计是机场建设的核心和关键。

大跨度钢结构广泛应用于多功能体育场馆、会议展览中心、博览馆、车站、候机厅、飞机库等建筑。但我国过去钢结构发展缓慢，国内最早的钢铁厂在 1907 年建成，年产钢只有 0.85 万 t。国内最早的钢结构是 1927 年的沈阳皇姑屯机车厂钢结构厂房和 1931 年的广州中山纪念堂钢穹顶。中华人民共和国成立后，建设了一批体育馆和展览馆大跨度钢结构建筑，例如人民大会堂、北京工人体育馆、首都体育馆、西安秦始皇陵兵马俑陈列馆等，以钢网架结构形式为主，也有部分悬索、斜拉索、网壳等结构形式。但由于受到钢产量的制约，在很长一段时间内，钢结构被限制使用在其他结构不能代替的重大工程项目中，在一定程度上，影响了钢结构的发展。

自 1978 年我国实行改革开放政策以来，经济建设获得了飞速的发展，钢产量逐年增加。1949 年粗钢产量仅有 15.8 万 t，多年来一直奉行限制用钢政策。1996 年我国生产粗钢达到 1.012 亿 t，第一次成为世界上最大的产钢国家，预示着中国历史上的钢结构建设高潮即将到来。建设部于 1997 年颁布的《1996～2010 年建筑技术政策》首次提出了 "发展钢结构、加速推广轻钢结构，研究推广组合结构的应用以及研究开发膜结构、张拉结构与空间结构体系" 等技术措施，明确了我国建筑技术政策的导向，由多年来的限制钢结构使用转变为发展、推广钢结构的应用，大规模的钢结构建设正刚刚兴起。

但是，我国在新型大跨度钢结构设计方面仍缺乏足够的技术和经验，技术空白较多、经验较少、遇到的问题较多，对航站楼钢结构设计关键技术进行的一系列探索和研究是非常必要的。通过研究，可以填补和完善我国钢结构设计技术，解决实践中遇到的技术难题，确保白云机场建设顺利进行，实现白云机场工程的经济性、安全性、先进性目标，推动钢结构技术的发展。

1.4 钢结构设计关键技术

1.4.1 管结构

管形截面具有优越受力性能，但受钢管生产和加工工艺水平的影响，早期在工程建设领域应用不多。早期的圆管相贯线及坡口加工完全靠手工放线，精度和效率都很低，相贯线切割曾被视为是难度很高的制造工艺。交汇钢管的数量、角度、尺寸的不同使得相贯线形态各异，坡口处理困难，限制了相贯节点管结构的应用。

直到 20 世纪 50 年代，人们发明了多维数控相贯线切割机，实现了圆管，甚至方（矩）形管相贯线的自动切割。钢管加工、焊接、相贯线加工等问题得到了初步的解决，才为钢管结构的应用奠定了基础。管桁架结构目前已成为重要的大跨度结构形式。

对钢管结构的研究工作始于 20 世纪 50 年代，1951 年 Jamm 提出了第一个圆管桁架连接节点的初步的设计建议，随后在美国（Bouwkamp，1964；Natarajan & Toprac，1969；

Marshall & Toprac，1974）、日本（Togo，1967；Natarajan & Toprac，1968）和欧洲（Wanke，1966；rodka，1968；Wardenier，1982；Mang & Bucak，1983；Puthli，1998）进行了数项研究。对方（矩）形管的连接节点的研究始于 20 世纪 60 年代的欧洲，进行了许多的试验和理论分析。

1991 年，CDECT（国际管结构发展与研究委员会）出版了《CIDECT 设计指南》[1,2]（1991 年，1992 年），提出了 K、N、T、X 与 Y 形平面圆管及方（矩）形管相贯节点的设计方法。CIDECT 成立于 1962 年，它主要研究钢管结构及其连接节点性能和结构的开发应用，很多管结构项目为 CIDECT 资助。

1992 年，欧洲法规《*Design of steel structures-General rules and rules for buildings*》ENV 1993-1-1：1992 在附录中也提出了 K、N、T、X、Y 形平面圆管及方（矩）形管相贯节点的设计方法。

英国标准《*Arc welding of carbon and carbon manganese steels*》BS 5135—1984（1984）、加拿大标准《*Welded Steel Construction（Metal Arc Welding）*》CSA-W59-M1989（1989）、美国标准《*Structural Welding Code - Steel*》AWS D1.1-1992（1992）给出了管相贯焊接的不同设计方法，但这些方法并不统一，对相贯线区域的划分、坡口形式、焊缝形式、全焊透标准均不相同。

1989 年，我国在《钢结构设计规范》GBJ 17—1988 中，首次加入钢管结构的内容，提出了 K、T、Y、X 形平面圆管相贯节点承载力验算公式，相贯管节点焊接则一律按角焊缝设计。在 2002 年之前，我国尚无完整的管相贯节点设计的规范。

我国过去受到钢管自动切割设备技术的影响，管桁架在空间结构中的应用受到限制。近年来，随着技术的进步和我国国力的增强，借助多维数控相贯线切割机技术，管结构开始兴起，例如：北京植物园展览温室、上海八万人体育场、广州体育馆等（表 1.2）。广州白云国际机场一期（扩建）采用大型钢管桁架结构，建筑面积 500,000m²，屋盖投影面积 230,300m²，用钢量 27,600t，为全球最大规模的大型管桁架建筑钢结构之一。

全球已建成的大型管桁架建筑钢结构（截至 2011 年）　　表 1.2

工程名称	面积（m）²	用钢量（t）	简介	建成时间
曼谷国际机场	750,000（建筑） 158,100（屋盖投影）	38,000	46m 跨立体管桁架	2006 年 9 月 28 日
广州白云国际机场一期（扩建）	500,000（建筑） 230,300（屋盖投影）	27,600	主楼、连接楼、指廊钢屋盖及登机桥、连接桥主体结构均采用管桁架钢结构。主楼平面为 288m×199m，桁架跨度 76.9m	2009 年 12 月
广州国际会议展览中心	400,000（建筑）	15,000	5 个 126.6m×90m 展厅，屋盖为预应力张弦桁架结构，跨度 126.6m；珠江散步道屋盖为跨度 49.82m 的立体管桁架	2002 年
北京国际机场 T2	335,00（建筑） 88,000（占地）	4,600	36m 跨预应力相贯焊接梯形立体管桁架（弯管），30m 跨 H 型钢拱	1999 年
哈尔滨国际会展体育中心	321,943（建筑）	12,000	1 号主馆采用 128m 跨张弦桁架，3 号体育场采用拱桁架	2003 年

工程名称	面积（m）²	用钢量（t）	简介	建成时间
上海浦东机场 T1	280,000（建筑） 160,000（屋盖投影）	33,000	张弦梁跨度 82.6m，上弦由三根平行共面的方管组成，腹杆采用圆钢管，下弦为单根钢索	1999 年
厦门西站	160,000（建筑）	28,000	132m 大跨度桁架结构	2009 年 9 月 9 日
沈阳奥林匹克体育中心体育场	140,000（建筑）	11,000	360m 跨钢拱＋单层网壳结构。主拱采用立体管桁架	2007 年
香港亚洲国际博览馆	70,000	13,000	管桁架结构，单层建筑	2006 年
英国 Wembley 运动场	40,000（建筑）	5,231	拱桁架	2006 年
上海八万人体育场	36,100（屋盖投影）	4,000	马鞍状曲面屋面，东西向 288.4m，南北向 274.4m，屋盖悬挑长度 73.5m，相贯焊接圆管桁架	1996 年
东莞国际会展中心	44,000（建筑） 27,000（占地）	7,500	平面 210m×138m，90m 跨三角形变截面圆管相贯焊接空间桁架	2001 年

1.4.2　高大支承柱

高大支承柱是大跨度场馆建筑的重要构件，柱高达到 15～30m。常规的高大支承柱采用混凝土柱、型钢柱或钢管混凝土柱。混凝土柱刚度大、造价低，但柱断面大。型钢柱延性好、造型轻巧，但刚度小、用钢量高。钢管混凝土延性好、刚度高，但柱断面较大、用钢量较高。

1.4.3　大跨度屋盖

屋面压型钢板通常用于承受屋面荷载、金属屋面板和保温隔热材料的重量，常规压型钢板波高为 70mm 左右，最大波高不过 130mm，跨度 3m 左右，一般不超过 6m，且需要设置檩条支承。为了建筑美观，一般还需要设置吊顶。

1.4.4　复杂钢结构节点

节点设计一直是钢结构设计中的难点和关键，航站楼采用了多种精心设计的复杂节点。由于节点受力和工作状态较为复杂，需通过理论分析和试验研究，以确保节点受力可靠、工作理想。以往桁架结构多采用带节点板的焊接节点、螺栓或高强度螺栓节点。相贯节点管桁架应用不多，许多复杂节点形式并没有现成做法，有待在实践中不断研究、总结。

1.4.5　钢结构长效防腐

钢结构的防腐问题是钢结构设计的一个重要课题，普通防腐涂装耐久年限太低，仅有 3～5 年，无法满足大型重要工程的使用要求，20 年以上的长效钢结构防腐尚缺少实践经验和设计依据。ISO 12944 提出了 15 年耐久年限的防腐涂装配套，但尚未有 30 年耐久年限的防腐配套。我国当时尚未有建筑钢结构的防腐蚀规范。

荷载与作用

2.1 竖向荷载

2.1.1 楼面活载

典型区域	$3.5kN/m^2$
商店区域	$4.5kN/m^2$
坐厕卫生间	$4.0kN/m^2$
蹲厕卫生间	$5.0kN/m^2$
空调机房	$8.0kN/m^2$
储藏室（仓库）	$9.0kN/m^2$
联检工作间	$4.0kN/m^2$
边检	$4.0kN/m^2$
安检	$4.0kN/m^2$
施工活荷载	$3.5kN/m^2$

2.1.2 屋面活载

典型区域	$0.3 \sim 0.7kN/m^2$
膜屋面	$0.3kN/m^2$
施工活荷载	$1.0kN$

2.1.3 恒载

楼盖永久悬挂荷载	最小 $1.0kN/m^2$
屋盖永久悬挂荷载：	
玻璃纤维膜结构和部分底面暴露区域	0
部分有天花板和通风设备区域	$0.48kN/m^2$
其他区域	$0.24kN/m^2$
固定设备重量	按实际计算

2.2 风荷载

2.2.1 中国规范风荷载

白云机场航站楼一期工程风荷载按照《建筑结构荷载规范》GBJ 9—1987 计算，一期扩建工程按照《建筑结构荷载规范》GB 50009—2001 计算。

2.2.1.1　风荷载标准值

垂直于建筑物表面的风荷载标准值，按式（2.1）计算：

$$w_{\mathrm{k}} = \beta_z \mu_{\mathrm{s}} \mu_z w_0 \tag{2.1}$$

式中　w_{k}——风荷载标准值（$\mathrm{kN/m^2}$）；

　　　　β_z——z 高度处的风振系数；

　　　　μ_{s}——风荷载体型系数；

　　　　μ_z——风高度变化系数；

　　　　w_0——基本风压（$\mathrm{kN/m^2}$）。

2007 规范增加了围护结构的风荷载计算公式：

$$w_{\mathrm{k}} = \beta_{\mathrm{gz}} \mu_{\mathrm{s}} \mu_z w_0 \tag{2.2}$$

式中　β_{gz}——z 高度处的阵风系数。

2.2.1.2　风荷载参数

一期工程：

基本风压（30 年一遇）	$0.45\mathrm{kN/m^2}$
基本风压提高系数	1.2
地面粗糙度	B

一期扩建工程：

基本风压（100 年一遇）	$0.60\mathrm{kN/m^2}$
地面粗糙度	B

白云机场一期工程采用 30 年一遇基本风压 $0.45\mathrm{kN/m^2}$，并考虑基本风压提高系数 1.2，即 $0.54\mathrm{kN/m^2}$。按照 GBJ 9—1987 的解释，这相当于 100 年一遇基本风压。这与《建筑结构荷载规范》GB 50009—2001 有所不同，按照 2001 规范，100 年一遇基本风压为 $0.60\mathrm{kN/m^2}$，比前者稍大。

2.2.1.3　体型系数

由于航站楼建筑物体型特殊，规范并没有直接给出体型系数。只能根据规范中的类似体型的建筑物近似推测，以做参考。推测的体型系数见图 2.1～图 2.4。

2.2.2　美国规范 ASCE 7-95 风荷载

2.2.2.1　风荷载参数

1. 建筑和其他结构分类与重要性系数

建筑和其他结构分类与重要性系数见表 2.1，本工程风荷载计算时取重要性系数 $I =$

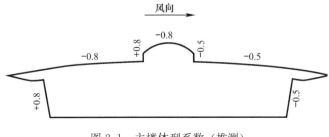

图 2.1　主楼体型系数（推测）

1.2，接近美国标准《Minimum Design Loads for buildings and other Structures》ASCE 7-95 的Ⅲ类结构（表 2.2）。

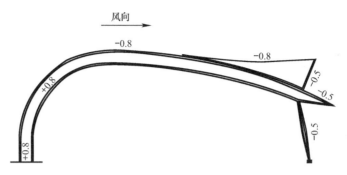

图 2.2　连接楼体型系数（空侧风）（推测）

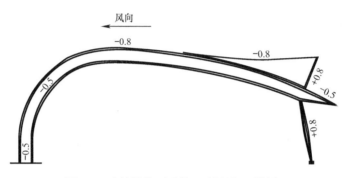

图 2.3　连接楼体型系数（陆侧风）（推测）

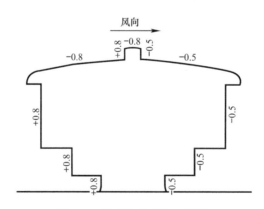

图 2.4　指廊体型系数（推测）

用于风、雪、地震作用的建筑和其他结构分类　　　　　　　　　　表 2.1

用途	类别
破坏时对人身危害小的建筑物和其他结构，包括但不限于： • 农业设施 • 某些临时设施 • 次要的仓储设施	I

续表

用途	类别
除Ⅰ、Ⅲ和Ⅳ类所列以外的所有建筑物和其他结构	Ⅱ
破坏时对人身造成重大危害的建筑物和其他结构,包括但不限于: • 一个区域人群聚集超过 300 人的建筑物和其他结构 • 容纳人数超过 250 人的小学、中学、日间护理机构的建筑物和其他结构 • 容纳人数超过 500 人的大学或成年教育机构的建筑物或其他结构 • 不带手术室或急诊室的容纳人数超过 50 个住院病人的卫生保健机构 • 监狱与拘留所 • Ⅳ类中未包括的发电站和其他公共设施 • 贮存大量有毒或易爆炸物质的建筑物和其他结构,如果泄漏会造成公众危害	Ⅲ
指定的重要设施的建筑物和其他结构,包括但不限于: • 带有手术室或急诊室的医院和其他卫生保健机构 • 消防、营救和警察局及其紧急车库 • 指定的地震、飓风或其他紧急避险场所 • 应急响应需要的通讯中心和其他设施 • 应急的发电厂和其他公共设施 • 具有重要国防工程的建筑物和其他结构	Ⅳ

重要性系数 I(风荷载)　　　　　　　　　　　　　　　　　　　　表 2.2

建筑和结构类别	重要性系数 I	建筑和结构类别	重要性系数 I
Ⅰ	0.87	Ⅲ	1.15
Ⅱ	1.00	Ⅳ	1.15

2. 基本风速 V

ASCE 7-95 基本风速采用 33ft(10m)离地高度、C 类暴露,50 年一遇 3s 阵风风速 V。而根据《建筑结构荷载规范》GBJ 9—1987 和广东省标准《建筑结构荷载规定》DBJ 15-2—1990 采用 30 年一遇 10min 平均最大风速。白云机场一期工程的基本风压为 0.45kN/m²(30 年一遇),换算成 50 年一遇基本风压,则为 0.50kN/m²。根据 DBJ 15-2—1990,广东地区风荷载标准值 w_0 与 v_0 关系为 $w_0 = \dfrac{v_0^2}{1700}$(全国可按 $w_0 = \dfrac{v_0^2}{1600}$),因此本工程 50 年一遇的 10min 平均最大风速为:

$$V_{10min} = \sqrt{0.50 \times 1700} = 29.15 \text{m/s}$$

根据 ASCE 7-95,t 时间平均最大风速与小时平均最大风速之比见图 2.5。对于飓风区,由图可知:$V_{600}/V_{3600} = 1.08$,$V_3/V_{3600} = 1.64$,因此美国规范 3s 阵风风速与 10min 平均风速之比为 $V_3/V_{600} = 1.64/1.08 = 1.5$。于是:

$$V = 1.5V_{10min} = 43.73 \text{m/s}$$

3. 暴露类别

暴露类别反映地表不规则的特征,与地面粗糙度有关,按以下划分:

(1)A 类:大城市中心,至少 50% 建筑物的高度超过 70ft(21.3m)。此暴露类别应限于在上风向以 A 类暴露类别代表地形为主的区域,上风向以 A 类暴露类别代表地形为主的距离至少有 0.5mi(0.8km)或 10 倍建筑物或其他结构高度,两者取大值。应考虑可能的隧道效应或由于建筑物或其他结构位于临近建筑的尾流区而引起的速度风压增大;

(2)B 类:城市和市郊地区、树林地区或其他具有许多障碍物的地区,该障碍物大小

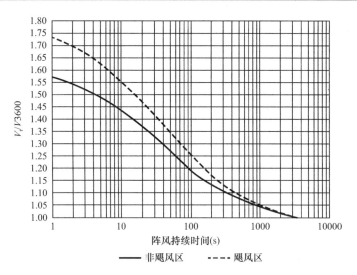

图 2.5 t 时间平均最大风速与小时平均最大风速之比

如单栋住宅大小或更大，且彼此紧靠。此暴露类别应限于在上风向以 B 类暴露类别代表地形为主的区域，上风向以 B 类暴露类别代表地形为主的距离至少有 1500ft（460m）或 10 倍建筑物或其他结构高度，两者取大值；

（3）C 类：开阔地形，稀疏散布有障碍物，障碍物高度一般小于 30ft（9.1m）。此暴露类别包括平坦开阔的乡村和草原；

（4）D 类：平坦无障碍的岸边，所承受的风流经至少 1mi（1.61km）距离的开阔水面。此暴露类别应仅适用于承受来自水面的风的建筑物和其他结构。D 类暴露类别区域从岸边向内陆延伸 1500ft（460m）或 10 倍建筑物或其他结构高度，取两者大值。

按照 ASCE 7—95，本工程暴露类别取 C 类。

4. 风速压力 q_z

高度 z 处风速压力按式（2.3）计算：

$$q_z = 0.613K_zK_{zt}V^2I \ (\text{N/m}^2) \tag{2.3}$$

式中　　V ——基本风速（m/s）；

　　　　I ——重要性系数；

　　　　K_z ——风速压力暴露系数；

　　　　K_{zt} ——地形系数，考虑风过小山和悬崖时的风速增大，其余情况取 1.0。

5. 阵风影响系数 G

对于建筑物和其他结构的主要抗风体系和外围护构件，阵风影响系数 G，对于暴露类别 A 和 B 应取 0.8，对于暴露类别 C 和 D 应取 0.85。

对于柔性建筑和其他结构的主要抗风体系应通过合理的分析计算确定，应考虑抗风体系的动力学性质。

当规范中图、表给出阵风影响系数与风压系数的组合（GC_p、GC_{pi} 和 GC_{pf}）时，阵风影响系数 G 不应单独确定。

2.2.2.2 设计风压

ASCE 7—95 的设计风压相当于我国规范的风荷载标准值，设计风压的计算与建筑物或其他结构的高度、开敞情况和刚度有关，分为低层建筑物［平均屋面高度小于或等于60ft（18m），且平均屋面高度不超过建筑物宽度］、所有高度建筑物、开敞建筑物、柔性建筑物和其他结构（$f < 1Hz$，包括高宽比 > 4 的建筑物和其他结构）几种情况给出相应的计算公式。

设计风压不应小于 10lb/sq ft（0.48kN/m²）。

1. 所有高度建筑物的主要抗风体系

设计风压按式（2.4）计算：

$$p = qGC_p - q_h GC_{pi} \tag{2.4}$$

式中　q——迎风向墙面离地面 z 高度处采用 q_z，背风向墙面、侧风向墙面和平均高度处的屋面采用 q_h；

　　　G——阵风影响系数；

　　　C_p——外风压系数；

　　GC_{pi}——内风压系数，按表 2.3 取值。

正风压和负风压分别表示压力朝向和背离表面，外风压和内风压应考虑最不利组合。

2. 平均屋面高度 h 大于 60ft（18m）封闭或半封闭建筑围护构件

对于平均屋面高度 h 大于 60ft（18m）封闭或半封闭建筑围护构件，设计风压按式（2.5）计算：

$$p = q\left[(GC_p) - (GC_{pi})\right] \tag{2.5}$$

式中　q——离地面 z 高度处正风压采用 q_z，平均屋面高度处负风压采用 q_h；

　　　GC_p——围护构件外风压系数；

　　GC_{pi}——内风压系数，按表 2.3 取值。

正风压和负风压分别表示压力朝向和背离表面，外风压和内风压应考虑最不利组合。

表 2.3

建筑物内风压系数 GC_{pi}

条件	GC_{pi}
开敞建筑物	0.00
半封闭建筑物	+0.80
	-0.30
满足以下条件的建筑物： （1）位于飓风区且基本风速大于或等于 110mph（49m/s），或位于夏威夷； （2）下部 60ft（18m）高度设有采光门窗，采光门窗未经过设计抵抗风中碎块撞击，或未采用专门保护措施以免受风中碎块撞击	+0.80
	-0.30
除以上列出的所有建筑物	+0.18
	-0.18

注：

1. 正值和负值分别表示压力朝向和背离表面；

2. 需考虑两个工况以确定最不利荷载：作用于所有内表面的正值 GC_{pi}，和作用于所有内表面的负值 GC_{pi}；

3. 对于平均屋面高度 $h \leqslant 60$ft(18m) 且位于暴露类别 B 的建筑物，内风压计算值应乘以 0.85；

4. 飓风区为容易遭受飓风的地区，例如美国亚特兰大、墨西哥湾岸区、夏威夷、波多黎各、关岛、美属维尔京群岛和美属萨摩亚；

5. 如果建筑物同时定义为"开敞"和"半封闭"，应按"开敞"建筑物。

2.2.3 风洞试验风荷载

2.2.3.1 试验设备

白云机场航站楼一期工程试验风洞为广东省建筑科学研究院串联双试验段回流式风洞，分为大小两个试验段，大试验段为闭口试验段，长 10m，宽 3m，高 2m，最高风速为 18m/s；小试验段为可开口亦可闭口试验段，长 9m，宽 1.2m，高 1.8m，最高风速为 46m/s。大小两个试验段均可模拟各类地貌的大气边界层。

试验使用的是大试验段，采用《建筑结构荷载规范》GBJ 9—1987 中规定的 B 类地貌大气边界层气流，边界层厚度为 1.2m，风速沿高度变化指数 $\alpha = 0.16$，近地湍流度 $\varepsilon \approx 20\%$，基本风压按 $w_0 = 0.50 \text{ kN/m}^2$。

2.2.3.2 试验模型

模型用有机玻璃制成。模型与建筑物的几何外形相似，比例为 1∶500（图 2.6）。整个模型为封闭空心模型，在需要测压的部位布置测压孔并用导管将模型表面垂直方向（法线方向）的脉动风压传递给扫描阀。

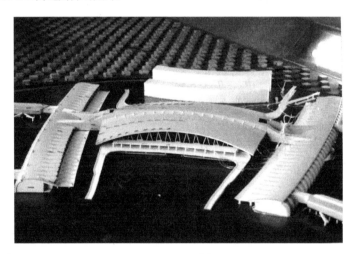

图 2.6　白云机场一期工程风洞试验模型

对主楼、连接楼及指廊的幕墙、屋面进行内、外（包括上、下）表面的风压测试。由于整个建筑东、西边的几何外形沿南北轴对称，其风压的分布情况必然对称。试验对东、西两边分别布点，东边主要进行外表面（仅上表面）风压测试，西边主要进行内、下表面风压测试。

根据试验要求在主楼东边幕墙外表面上选择了 3 个截面布置测压点，在实际建筑上对应的高度为 10.0m、20.0m、28.0m，命名为 MA、MB、MC 层；在东边连接楼和一、二指廊幕墙外表面上每个建筑单体各选择了 1 个截面布置测压点，实际建筑上对应的高度分别为 11.0m、16.8m、16.8m，分别命名为 NA、CD、CU 层；在主楼西边幕墙外、内表面上选择了 3 个截面布置测压点，在实际建筑上对应的高度为 10.0m、20.0m、28.0m，命名为 MD、ME、MF 层；在西边连接楼和一、二指廊每个建筑单体内表面上各选择了 1 个截面布置测压点，在实际建筑上对应的高度分别为 11.0m、16.8m、16.8m，命名为 NC、CE、CV 层；为了便于分析，分 5 个部分在东边各屋面的上表面布置测压点，依次命名为 RA、RB、TC、TD、TE；对应地分 4 个部分在西边各屋面的内或下表面布置测压点，依次命名为 RC、TF、TH、TG。

2.2.3.3 试验方法

试验时将模型安装于大试验段转盘中部，将模型的测压导管与压力扫描阀连接。试验风速约 10m/s。

试验在每间隔 15°共 24 个风向下对建筑物模型进行动态测压试验，风向角为风吹来的方向角，来自正北为 0°，来自东侧为 0°~180°，来自西侧为 0°~−180°。

将测得的风压系数平均值绘制成平面分布图，在屋面的上表面还绘制了风压系数平均值的等压线分布图。

西边航站楼屋面的内、下表面除标准工况外，还在二、三两种工况下进行了动态测压试验，工况二为主楼南边的门都打开（其他门都关闭）的情况，工况三为航站楼北边的门都打开（其他门都关闭）的情况。

2.2.3.4 试验结果及分析

1. 东半部外墙表面（幕墙部分）的风压分布

总的来说，各风向角下，东半部各部分幕墙迎风面分布为大面积正压，侧、背面分布为负压，接近四边形体型的风压分布规律。

主楼的幕墙部分由于有屋面的遮盖，南、北方向正面迎风时（风向角为−45°~45°及风向角 135°~−135°），迎风面正压和背风面负风压都不大，最大正压不超过 0.60，最大负压不超过−0.45；迎风面正压分布为中间大，端部小，这与屋面悬挑部分的宽度以及两边连接楼与主楼形成的大凹槽兜风有关；东边正面迎风时（风向角为 75°~105°），由于连接楼、指廊的阻挡作用，迎风面正压较小，侧、背风面分布为不大的均匀负风压。值得注意的是，主楼与连接楼之间的通道形成的小凹槽兜风效应也明显，有 0.8 左右的较大正压出现。其他风向下，主楼处于背风面，分布为较小的均匀负压。附近的酒店对来流有一定的阻挡作用，对应风向角下的迎风面正压更小。

东边连接楼和指廊幕墙在南、北方向迎风时，也受到大凹槽兜风的影响，迎风面有较大的正压出现，最大为 0.84，出现在风向角为 120°时 CD 层的 2 点，对应的峰值风压为 1.92kPa，也是试验中的最大正风压。个别风向角下靠来流的拐角处一些部位有稍大的负压出现，如风向角为 180°时，CU 层的 7 点，负压为−1.03，对应的峰值风压为 1.69kPa。

2. 东半部屋面外表面的风压分布

屋面外表面亦称上表面。大多数情况下屋面上表面分布为负压，符合一般屋面风压分布规律。

风向角从−60°~0°及 0°~60°时，主楼屋面北边长度方向迎风，气流首先在迎风的边缘附近发生较剧烈的分离，有较大负压产生，等压线在此分布较密。接着气流在屋面与天窗交接的凹处附着，凹处有一定区域的较弱正压，凹处到南边边缘其他区域风压为小负压，等压线稀疏均匀。当气流越过顶部天窗的迎风边缘时，再次发生更强烈的分离，更大的负压在此产生，等压线分布密集且变化剧烈。风向角为 0°时，边缘负压在−1.4 左右，最大达−1.54，对应的峰值风压为 3.08kPa，出现在 RA 层的 71 点，是试验中的最大负风压。最后气流附着到南边的背风面，此区域分布为均匀的小负压，等压线亦稀疏均匀。这些风向角下，连接楼为宽度方向迎风，迎风边缘有稍大的负压产生，其余为均匀小负压；

指廊为长度方向迎风，迎风边缘负压较大。

风向角从 75°~105°时，东边屋面处于尾流区域，除略有迎风的地方有稍大的负压外，大部分区域为均匀的小负压，主楼屋面的风压等压线分布极为均匀。风向角为 90°时，主楼屋面的风压仅为 −0.2 左右。

风向角为 120°时，主楼屋面南边边缘及连接楼和指廊的迎风边缘开始有较大负压出现，一些低凹的迎风区也会有较小的正压出现，这种趋势随风向角由 120°向 180°变化时越来越明显。这些风向角下主楼屋面的风压分布与 0°~60°时类似，风向角为 180°时，边缘负压也为 −1.4 左右，最大达 −1.51，对应的峰值风压为 2.61kPa，出现在 RB 层的 65 点。

风向角从 −105°~−75°时，主楼屋面的风压分布基本与 75°~105°类似，不同的是，迎风的宽度方向边缘有较大负压出现。此时，连接楼长度方向迎风，迎风边缘有大负压出现。

3. 西半部屋面下表面的风压分布

屋面下表面主要指主楼及连接楼悬挑部分的下表面。其风压分布与幕墙部分类似，三种工况下风压分布变化很小。

4. 西半部外墙及屋面内表面的风压分布

在门窗全关闭的情况下，各部分内表面的风压都很小且分布均匀，其值大多在 −0.25~0.25 范围内，在主楼内偏小，连接楼和指廊内略大。在第二种工况下，南边迎风时，主楼内压增大，其他风向内压分布变化很小；在第三种工况下，北边迎风时，主楼内压增大，其他风向内压分布变化很小。

5. 建筑结构及围护构件的风荷载

根据测得的风压系数平均值和建筑物的外形尺寸，采用 30 年一遇 10min 平均风速所对应的平均风压，考虑内外表面风压的共同作用效果，可计算出建筑物各部分所受的静态风荷载。因本建筑物为薄而轻的结构，对风的动态特性尤为敏感，在使用数据时应考虑风的动态特性和建筑结构特性的影响，选择合适的风振系数。

根据风洞试验数据，可确定建筑物外窗的动态风压性能指标。建筑物表面某局部的风压峰值，可直接用于外围护构件的抗风设计，参见图 2.7~图 2.14。

2.2.4 屋盖风振分析结果

2.2.4.1 主要参数

（1）基本风压、场地地貌

风振分析时基本风压按 100 年一遇考虑，取 0.6kN/m²。场地粗糙度按 B 类，$\alpha = 0.16$，梯度风高度 $H_T = 350$m。

（2）场地风速谱

按国标选用。我国国标采用 A. G. Davenport 的沿高度不变的风速谱。竖向垂直风谱采用 H. A. Panofsky 提出的风速谱。

（3）风剖面

按国标选用，即

$$\mu_z(z) = (z/10)^{0.32}$$

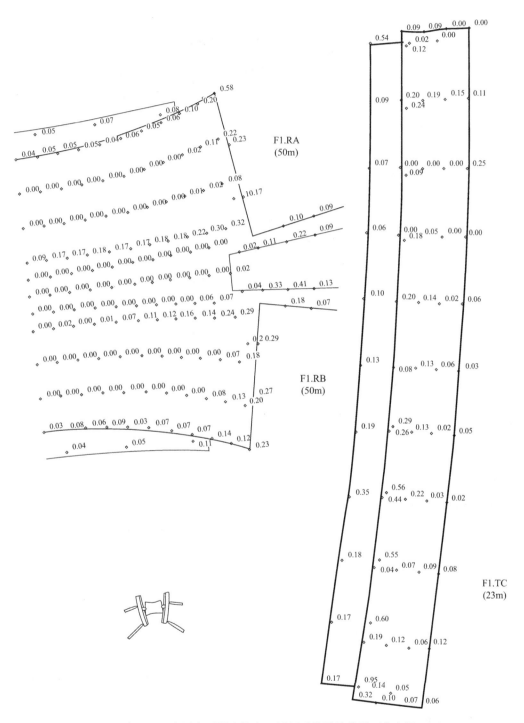

图 2.7 东边屋面各风向下最高综合正风压系数平均值平面分布图（一）

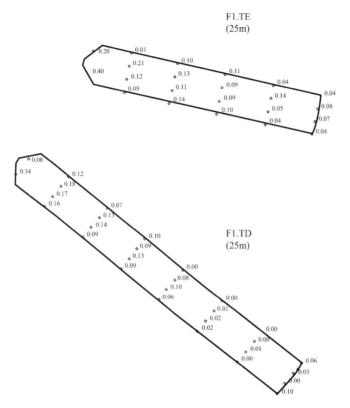

图 2.8　东边屋面各风向下最高综合正风压系数平均值平面分布图（二）

（4）空间相关系数

按我国国标，采用 Shiotmi 试验资料，即

Z 向：
$$\rho_{d_z}(z,z') = \exp(-d_z/60), d_z = |z'-z|$$

X，Y 向：
$$\rho_{d_{x,y}}(d,d') = \exp(-d_{x,y}/50), d_{x,y} = |d'-d|$$

（5）结构阻尼比

由于该结构主要受力和变形部分为钢桁架部分，在计算中结构阻尼比取 0.01，偏于安全。

（6）脉动系数 μ_f

按我国国标采用：

$$\mu_f(z) = 0.5 \times (z/10)^{-0.16}$$

2.2.4.2　主楼钢屋盖抗风分析

1. 计算模型选取

实际工程结构十分复杂，主楼钢屋盖精确计算模型见图 2.15，为提高计算效率，有必要对模型进行适当简化。

（1）桁架结构

主桁架是截面为倒三角形的复杂空间桁架体系。从受力特征分析，主桁架与空间三维梁单元的受力作用相似。因此，如把主桁架等效为空间三维梁单元结构，不但使分析大为简化，而且结果也相近。联系桁架也与主桁架相似。主桁架和联系桁架的等效原则是：等

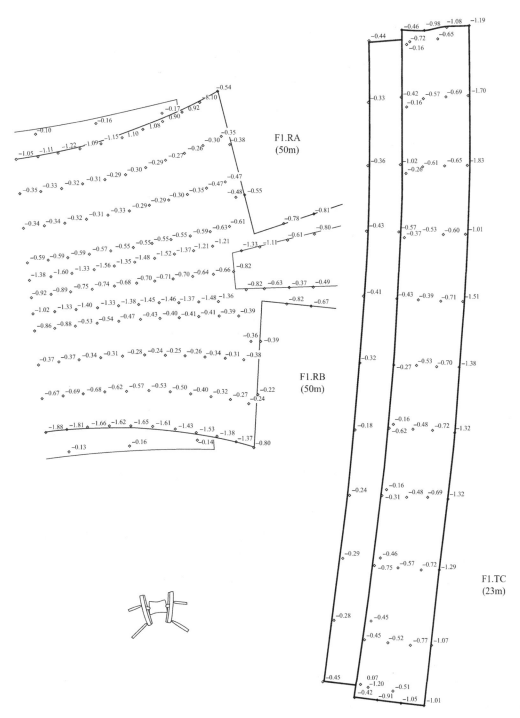

图 2.9　东边屋面各风向下最低综合负风压系数平均值平面分布图（一）

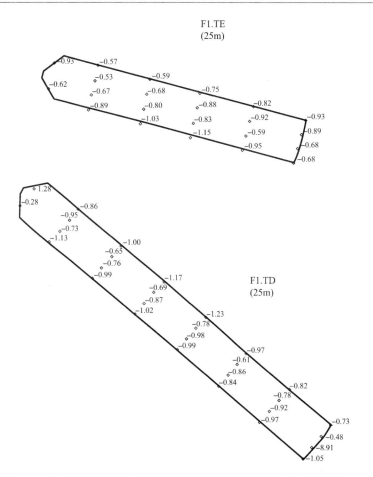

图 2.10　东边屋面各风向下最低综合负风压系数平均值平面分布图（二）

效梁的弯矩由桁架结构的弦杆承担，等效梁的轴力和剪力由桁架结构的腹杆承担，等效梁的总质量和桁架质量相等。

为了计算结果可靠，分别进行了简化模型（图 2.16，图 2.19）分析和精确模型（不简化）分析，结构的动力特征结果表明，两者的结果很接近，说明了简化模型的正确性。

（2）混凝土巨形柱和人字形钢柱

位于建筑平面内部两列混凝土巨形柱和外侧两列人字形钢柱均按三维梁单元处理。

（3）集中质量

质量均集中到屋面节点上，包括恒荷载和活荷载，主要是屋面板的质量。

（4）风荷载

根据屋面结构的具体情况，当斜向风作用时，除了风的水平力有重要影响外，与塔桅和高层结构不同，风的竖向分力也有一定的影响。按照风荷载基本原理，考虑风的水平分量和竖向分量的作用。风力按结点集中力作用于结点上。

2. 结构自振特性

经有限元动力分析，机场航站楼主楼前 10 阶自振周期见表 2.4。前 4 阶振型形态见图 2.17。

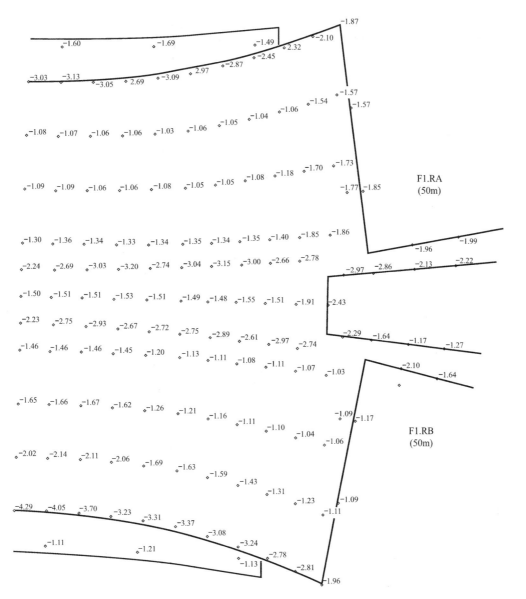

图 2.11 东边航站楼屋面（工况二）各风向下最低综合负风压峰值平面分布图（单位：kPa）

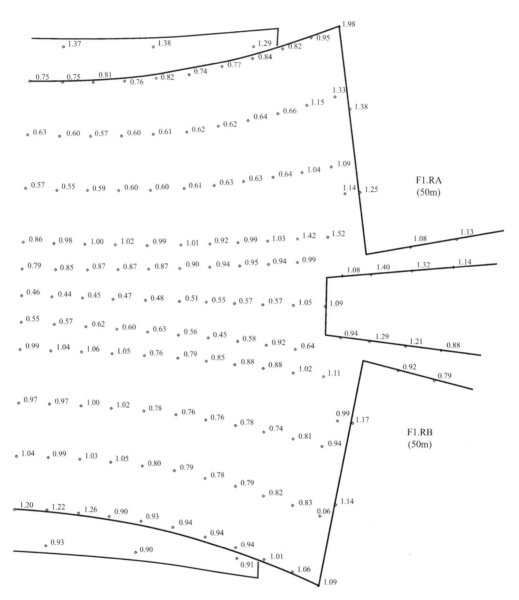

图 2.12 东边航站楼屋面（工况二）各风向下最高综合正风压峰值平面分布图（单位：kPa）

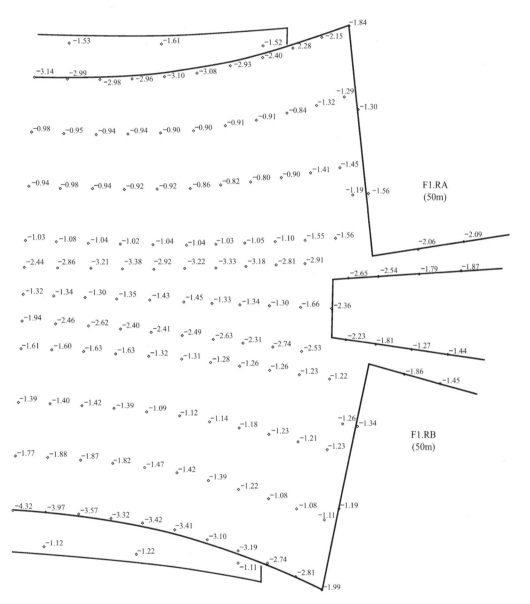

图 2.13　东边航站楼屋面（工况三）各风向下最低综合负风压峰值平面分布图（单位：kPa）

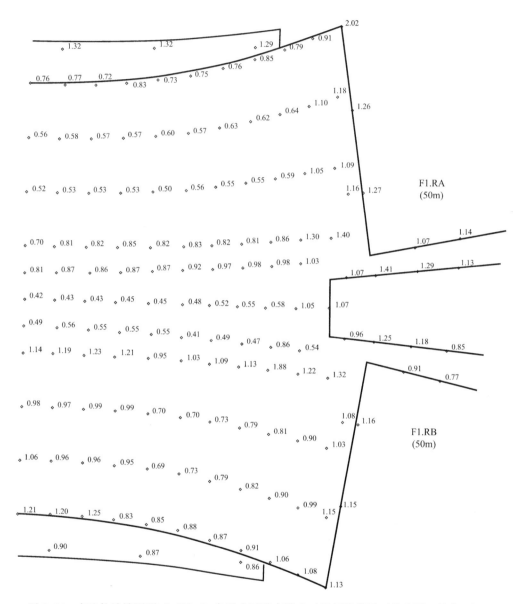

图 2.14 东边航站楼屋面（工况三）各风向下最高综合正风压峰值平面分布图（单位：kPa）

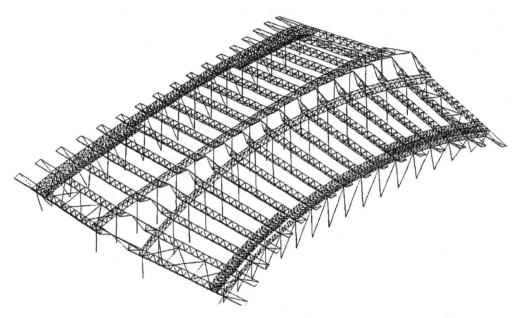

图 2.15 主楼钢屋盖风振分析精确计算模型

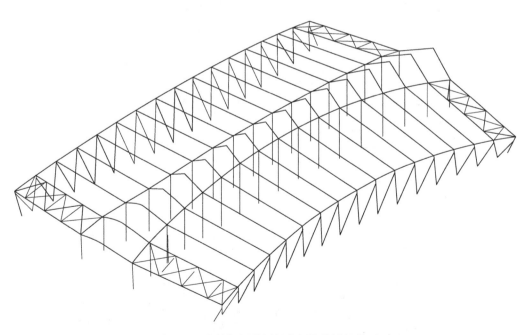

图 2.16 主楼钢屋盖风振分析简化计算模型

结构自振周期（s）

表 2.4

序号	1	2	3	4	5
周期	1.215	1.133	1.051	0.9504	0.9152
序号	6	7	8	9	10
周期	0.8461	0.8178	0.7875	0.7821	0.7681

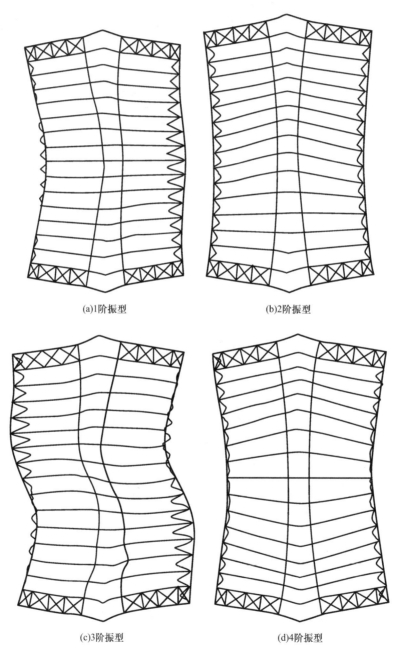

(a)1阶振型　　　　　　　　　　　(b)2阶振型

(c)3阶振型　　　　　　　　　　　(d)4阶振型

图 2.17　主楼风振分析前 4 阶振型（顶部往下看）

3. 风振系数计算

在计算风振系数时，考虑了水平风力和竖向风力，都对前 10 阶振型进行了分析。其中第 1 振型影响最为显著。由于结构是沿 X 轴对称，所以以下的分析结果只给出 X 向风力作用下对称的一半数据，另一半的取值可按对称性得到。当风向为负 X 向时，上述数值可反转使用。风振系数数值见表 2.5。为了工程应用方便，给出了屋盖的风振系数分区的建议值（图 2.18）。

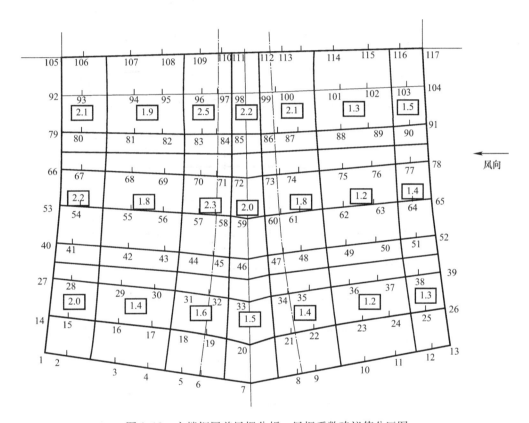

图 2.18 主楼钢屋盖风振分析－风振系数建议值分区图

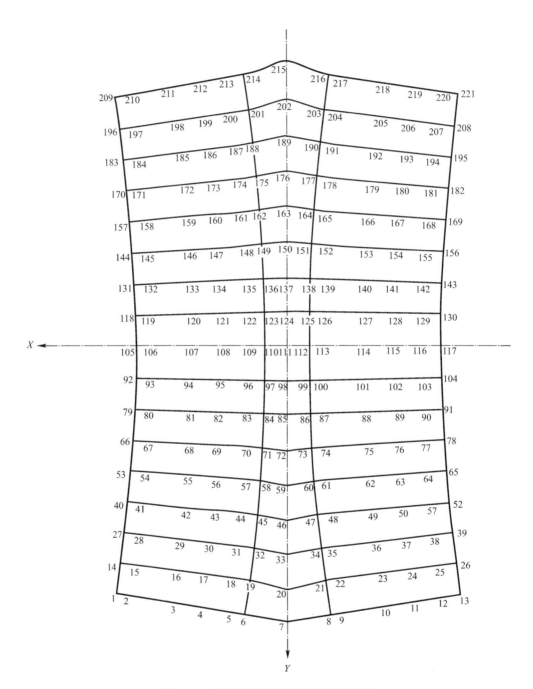

图 2.19 主楼钢屋盖风振分析节点编号图

主楼钢屋盖风振系数　　　　　　　　　　　　　　表 2.5

节点	风振系数	节点	风振系数	节点	风振系数	节点	风振系数	节点	风振系数
1	2.614	26	1.382	51	1.212	76	1.173	101	1.183
2	1.241	27	4.789	52	1.522	77	1.287	102	1.184
3	1.181	28	1.321	53	3.008	78	1.591	103	1.310
4	1.186	29	1.207	54	1.618	79	2.470	104	1.644
5	1.247	30	1.218	55	1.341	80	1.796	105	2.284
6	1.396	31	1.354	56	1.344	81	1.437	106	1.799
7	1.282	32	1.719	57	1.548	82	1.425	107	1.459
8	1.263	33	1.541	58	2.241	83	1.670	108	1.446
9	1.137	34	1.477	59	1.880	84	2.459	109	1.690
10	1.102	35	1.187	60	1.770	85	2.120	110	2.463
11	1.097	36	1.118	61	1.254	86	2.017	111	2.204
12	1.121	37	1.111	62	1.163	87	1.286	112	2.097
13	1.426	38	1.164	63	1.159	88	1.179	113	1.279
14	3.570	39	1.447	64	1.252	89	1.180	114	1.177
15	1.220	40	3.473	65	1.558	90	1.302	115	1.179
16	1.146	41	1.474	66	2.705	91	1.626	116	1.308
17	1.140	42	1.275	67	1.751	92	2.343	117	1.657
18	1.192	43	1.283	68	1.400	93	1.805		
19	1.451	44	1.443	69	1.384	94	1.456		
20	1.353	45	2.020	70	1.564	95	1.445		
21	1.322	46	1.733	71	2.383	96	1.697		
22	1.110	47	1.638	72	2.008	97	2.485		
23	1.081	48	1.218	73	1.892	98	2.203		
24	1.082	49	1.143	74	1.249	99	2.102		
25	1.121	50	1.137	75	1.171	100	1.294		

注：节点编号如图 2.19 所示。

2.3　温度作用

按照 1990 年广东省建筑气象参数，广州的极端最低温度为 0℃，极端最高温度为 38.7℃，气温变化可达 39℃，本工程钢结构计算温差取 ±39℃/2≈±20℃。

2.4　地震作用

基本设防烈度	6 度
抗震措施设防烈度	7 度
抗震设防类别	乙类
建筑场地类别	Ⅱ类

荷载组合与规范验算

由于工程重要性大、结构新颖，且为中外合作设计工程，航站楼一期工程采用中国规范和美国规范两种规范进行设计，部分设计内容参考欧洲规范进行补充设计。一期扩建工程则采用中国规范设计，部分设计内容参考欧洲规范进行补充设计。

3.1 中国规范

航站楼一期工程结构按 2000 年规范设计，主要规范为《建筑结构荷载规范》GBJ 9—1987、《广东省标准 建筑荷载规定》DBJ 15—2—1990、《建筑抗震设计规范》GBJ 11—1989、《钢结构设计规范》GBJ 17—1988、《混凝土结构设计规范》GBJ 10—1989（1996 年修订版）。

航站楼一期扩建工程结构按 2005 年规范设计，主要规范为《建筑结构荷载规范》GB 50009—2001、《广东省标准 建筑荷载规定》DBJ 15—2—1990、《建筑抗震设计规范》GB 50011—2001、《钢结构设计规范》GB 50017—2003、《混凝土结构设计规范》GB 50010—2002、《高层建筑混凝土结构技术规程》JGJ 3—2002。

《高层建筑混凝土结构技术规程》JGJ 3—2002 和《钢筋混凝土高层建筑结构设计与施工规程》JGJ 3—1991 相比，其中有两点修订：1）关于规范的适用范围，JGJ 3—1991 第 1.0.2 条规定，适用于 8 层及 8 层以上的高层民用钢筋混凝土结构；JGJ 3—2002 第 1.0.2 条规定，适用于 10 层及 10 层以上或房屋高度超过 28m 的非抗震设计和抗震设防烈度为 6 至 9 度抗震设计的高层民用建筑结构。层数提高是考虑到我国高层建筑发展迅速，各地兴建的高层建筑层数已普遍增加，为适应我国高层建筑发展的形势并与国际诸多国家的界定相适而将规程的适用层数提高。将考虑到有些钢筋混凝土结构建筑，其层数虽未达到 10 层，但其房屋高度较高，为适应设计需要而将房屋高度超过 28m 的民用建筑也纳入规程的适用范围。2）关于 6 度设防建筑是否需要地震作用计算，JGJ 3—1991 第 3.3.1 条第二款规定，乙、丙类建筑 6 度设防时 Ⅰ～Ⅲ 类场地上的建筑不必计算；JGJ 3—2002 规定，乙、丙类建筑，应按本地区抗震设防烈度计算，修订是鉴于高层建筑比较重要且结构计算软件应用较为普遍，因此规定 6 度抗震设防时也应进行地震作用计算。

白云机场航站楼层数少于 8 层，建筑物抗震设防分类为乙类，地区抗震设防烈度为 6 度，建筑的场地类别为 Ⅱ 类。因此，一期工程根据 JGJ 3—1991 和 GBJ 11—1989，不需按高层建筑设计，可按多层建筑设计，可不进行地震作用计算。一期扩建工程指廊由于建筑高度超过 28m，根据 JGJ 3—2002，指廊需要按高层建筑设计，且需进行地震作用计算，连接楼则可按多层建筑设计，可不进行地震作用计算。

3.1.1 荷载组合

3.1.1.1 承载能力极限状态设计

本工程的建筑结构安全等级为一级，结构重要性系数 $\gamma_0 = 1.1$，因此组合为：

$$1.1\ (1.2D + 1.4L_f + 1.4L_r)$$
$$1.1\ (1.2D + 1.2T + 1.4L_f + 1.4L_r)$$
$$1.1\ (1.2D + 1.2T + 1.0 \times 1.4L_f + 1.0 \times 1.4L_r + 0.6 \times 1.4W)$$
$$1.1\ (1.2D + 1.2T + 1.0 \times 1.4W + 0.6 \times 1.4L_f + 0.6 \times 1.4L_r)$$
$$1.1\ (1.0D + 1.0 \times 1.4W)$$

对框架结构可简化为：

$$1.1\ (1.2D + 1.2T + 1.4L_f + 1.4L_r)$$
$$1.1\ (1.2D + 1.2T + 0.85 \times 1.4L_f + 0.85 \times 1.4L_r + 0.85 \times 1.4W)$$
$$1.1\ (1.0D + 0.85 \times 1.4W)$$

3.1.1.2 正常使用极限状态设计（挠度，裂缝宽度和侧移）

本工程短期效应组合

$$D + T + L_f + L_r$$
$$D + T + L_f + L_r + 0.6W$$
$$D + T + W + 0.6L_f + 0.6L_r$$
$$D + T + W$$

本工程长期效应组合

$$D + T + 0.5L_f + 0.5L_r\ （储藏室，机械/电力/通讯室使用 0.8L_f）$$

式中　D——恒荷载；

　　T——温度作用和张拉力，温度作用包括升温和降温；

　　L_f——楼面活荷载；

　　L_r——屋面活荷载；

　　W——风荷载，包括所考虑的各个风向。

3.1.2 主要限值

3.1.2.1 侧向位移

混凝土框架在风荷载作用下	1/550（屋顶）
	1/450（层间）
钢框架在风荷载作用下	1/500（屋顶）
	1/400（层间）

3.1.2.2 屋盖挠度

主桁架	1/400
次桁架和檩条	1/200
压型钢板	1/300

3.1.2.3 墙体挠度

幕墙结构	1/180 和最大 20mm

轻钢墙体   1/200

3.1.3 规范验算要点

3.1.3.1 承载能力极限状态

承载能力极限状态指构件的强度、构件的整体稳定性和钢管相贯处节点强度。局部稳定因为圆管的直径与壁厚之比 D/t 和宽翼缘工字钢外伸翼缘与厚度之比 b_1/t 均在规范规定的范围内，验算可以忽略。

承载能力极限状态计入结构重要性系数及荷载分项系数，以荷载设计值进行计算。

对于相贯焊接桁架轴心受压杆件的承载力由稳定承载力控制，按照《钢结构设计规范》GBJ 17—1988，其验算公式如下：

$$R = \frac{N}{\varphi A f} \leqslant 1.0$$

式中　R——构件稳定验算应力比；

　　　φ——轴心受压构件的稳定系数；

　　　A——构件的毛截面面积；

　　　N——构件轴心压力设计值；

　　　f——钢材强度设计值。

钢构件的稳定系数可按规范附录提供的公式（3.1）计算：

当 $\bar{\lambda} = \dfrac{\lambda}{\pi}\sqrt{\dfrac{f_y}{E}} \leqslant 0.215$ 时，

$$\varphi = 1 - \alpha_1 \bar{\lambda}^2 \tag{3.1}$$

当 $\bar{\lambda} > 0.215$ 时，

$$\varphi = \frac{1}{2\bar{\lambda}^2}\Big[(\alpha_2 + \alpha_3\bar{\lambda} + \bar{\lambda}^2) - \sqrt{(\alpha_2 + \alpha_3\bar{\lambda} + \bar{\lambda}^2)^2 - 4\bar{\lambda}^2}\,\Big] \tag{3.2}$$

式中，系数 α_1、α_2、α_3 根据截面分类，按表 3.1 采用。

系数 α_1、α_2、α_3 表 3.1

截面类别		α_1	α_2	α_3
a 类		0.41	0.986	0.152
b 类		0.65	0.965	0.300
c 类	$\bar{\lambda} \leqslant 1.05$	0.73	0.906	0.595
	$\bar{\lambda} > 1.05$		1.216	0.320

型材截面类别和型材的成型方法有关，白云机场一期屋盖钢结构采用热成型圆管和方（矩）形管，这种管的成型方法是先进行冷轧，然后高频焊接、在经无损检测、分段，然后整段放入加热炉进行加热，再进行热轧。对于方（矩）形管，前面的工序相同，只是在热轧工序将圆管轧成方（矩）形管。这种管的优点是，焊缝质量好且残余应力小，力学性能优于冷成型管，相当于热轧管；壁厚均匀，壁厚精度优于热轧管。

热成型管的力学性能与热轧管类似，因此可以采用和热轧管相同的截面类别。《Design of steel structures-General rules and rules for buildings》ENV 1993—1—1：1992 中，

热轧方（矩）形管的稳定曲线类别与热轧圆管相同，均为 a 类。按照《钢结构设计规范》GBJ 17—1988，热轧圆管的截面类别为 a 类，因此热成型圆管和热成型方（矩）形管的截面类别可取 a 类。

相贯焊接圆管桁架受压杆件的稳定验算公式如下：

$$R = \frac{N}{\varphi_x A f} + \frac{\beta_{mx} M_x}{W_{1x} \left(1 - 0.8 \dfrac{N}{N_{Ex}}\right) f} \leqslant 1.0 \tag{3.3}$$

式中　R ——构件稳定验算应力比；

　　　φ_x ——弯矩作用平面内的轴心受压构件稳定系数；

　　　N ——所计算构件段范围内的轴心压力；

　　N_{Ex} ——欧拉临界力，$N_{Ex} = \pi^2 EA / \lambda_x^2$；

　　　M_x ——所计算构件段范围内的最大弯矩；

　　W_{1x} ——弯矩作用平面内较大受压纤维的毛截面抵抗矩；

　　β_{mx} ——等效弯矩系数，应按下列规定采用：

1）弯矩作用平面内有侧移的框架以及悬臂构件，$\beta_{mx} = 1.0$；

2）无侧移框架柱和两端支承的构件：

① 无横向荷载作用时：$\beta_{mx} = 0.65 + 0.35 \dfrac{M_2}{M_1}$，但不得小于 0.4，$M_1$ 和 M_2 为端弯矩，使构件产生同向曲率（无反弯点）时取同号，使构件产生反向曲率（有反弯点）时取异号，$|M_1| \geqslant |M_2|$；

② 有端弯矩和横向荷载同时作用时：使构件产生同向曲率时，$\beta_{mx} = 1.0$；使构件产生反向曲率时，$\beta_{mx} = 0.85$；

③ 无端弯矩但有横向荷载作用时：当跨中点有一个横向集中荷载作用时，$\beta_{mx} = 1 - 0.2 N / N_{Ex}$；其他荷载情况时，$\beta_{mx} = 1.0$。

对桁架杆件，建议取 $\beta_{mx} = 1.0$。三角形立体桁架计算表明，有端弯矩和横向荷载的弦杆大多数没有反弯点，或反弯点的长度较短。

相贯焊接圆管桁架拉力构件强度验算公式如下：

$$R = \frac{N}{A_n f} \pm \frac{M_x}{\gamma_x W_{nx} f} \leqslant 1.0 \tag{3.4}$$

式中　R ——构件受拉强度验算应力比；

　　　A_n ——净截面面积，对于相贯焊接桁架，一般可取 $A_n = A$；

　　W_{nx} ——对 x 轴的净截面抵抗矩；

　　　γ_x ——截面塑性发展系数，对圆管取 1.15。

3.1.3.2　正常使用极限状态

正常使用极限状态验算内容为荷载标准组合下钢结构的位移。

3.2　美国 ASD 钢结构设计规范

采用 AISC ASD—1989 即 Specification for Structural Steel Buildings-Allowable Stress Design and Plastic Design，1989。规范采用容许应力法设计。［以下所述 ASD 规范采用英

制，即千磅 英寸 秒（kip-inch-second）单位制，如无注明，长度、力、弯矩和应力单位均分别为 in、kips、kip-in 和 ksi]

3.2.1　荷载组合

根据 ASCE 7—95，本工程基本组合为：

$$D$$
$$D+T+L_f+L_r$$
$$D+W$$
$$D+W+L_f+L_r$$

式中符号见 3.1.1.2 节。

3.2.2　主要限值

3.2.2.1　挠度

ASD 规范规定，支承楼盖和屋盖的钢梁应适当考虑在设计荷载下产生的挠度，支承石膏板屋面的钢梁在最大活载下的挠度不应超过跨度的 1/360。但是对于其他形式的屋面、其他荷载作用下的挠度限值并没有给出具体的规定。

美国 ICC（International Code Council）颁布的 IBC—2000（International Building Code 2000）则给出了进一步的规定[15]，见表 3.2。

IBC-2000 规定的挠度限值[a,b,c]　　　　　　　　　表 3.2

建筑	L	S 或 W^f	$D+L^{d,g}$
屋面构件：[e] 支承石膏板屋面 支承非石膏板屋面 不支承屋面板	$l/360$ $l/240$ $l/180$	$l/360$ $l/240$ $l/180$	$l/240$ $l/180$ $l/120$
楼面构件	$l/360$	—	$l/240$
外墙和内隔墙： 带脆性装饰 带柔性装饰	— —	$l/240$ $l/120$	— —
温室	—	—	$l/120$

注：

a　对于压型金属板屋面结构板和墙面结构板，总荷载下挠度不应超过 $l/60$。对于支承压型金属屋面的次结构构件，活载下的挠度不应超过 $l/150$。对于支承压型金属墙板的墙体次结构构件，设计风荷载下的挠度不应超过 $l/90$。对于屋面，此条仅适用于没有面层的金属屋面板。

b　高度不超过 6ft 的内隔墙和柔性的、可折叠的、可移动的隔墙不受规定。内隔墙的挠度限值是基于 IBC-2000 第 1607.13 节定义的水平荷载。

c　对玻璃的支承结构，见 IBC-2000 第 2403 节。

d　对于安装时含水量小于 16% 的木结构构件，且在干燥环境下使用时，$L+D$ 作用下的挠度值可用 $L+0.5D$ 作用下的挠度值替代。

e　以上挠度未考虑积水。没有足够斜度或起拱的屋面以保证充分排水的屋面应考虑积水。雨水和积水见 IBC-2000 第 1611 节，屋面排水见 1503.4 节。

f　验算此挠度限值时，风荷载允许取外围护构件的荷载的 0.7 倍。

g　对于钢结构构件，恒荷载应取 0。

3.2.2.2 振动

支承大楼板的钢梁，楼板上为空旷无隔墙区域或其他无阻尼的区域时应适当考虑振动。

3.2.3 规范验算要点

3.2.3.1 截面分类

钢截面分为紧凑、非紧凑和细长单元型截面。对于紧凑截面，翼缘应与腹板连续连接，且受压板单元的宽厚比不应超过规范规定的宽厚比限值。不符合紧凑截面要求的截面，如果受压板单元的宽厚比没有超过规范规定的对非紧凑截面的要求，分类为非紧凑截面。如果有部分受压板单元的宽厚比超过规范规定的对非紧凑截面的要求，截面分类为细长单元型截面。

截面受压单元宽厚比限值见规范表 B5.1。

3.2.3.2 组合应力

1. 压弯

压弯构件应力应满足以下要求：

$$\frac{f_a}{F_a} + \frac{C_{mx}f_{bx}}{\left(1-\frac{f_a}{F'_{ex}}\right)F_{bx}} + \frac{C_{my}f_{by}}{\left(1-\frac{f_a}{F'_{ey}}\right)F_{by}} \leqslant 1.0 \tag{3.5}$$

$$\frac{f_a}{0.60F_y} + \frac{f_{bx}}{F_{bx}} + \frac{f_{by}}{F_{by}} \leqslant 1.0 \tag{3.6}$$

当 $f_a/F_a \leqslant 0.15$，可以用式（3-7）代替式（3-5）和式（3-6）：

$$\frac{f_a}{F_a} + \frac{f_{bx}}{F_{bx}} + \frac{f_{by}}{F_{by}} \leqslant 1.0 \tag{3.7}$$

式（3.5）～式（3.7）中，下标 x 和 y 与下标 b、m 和 e 组合表示应力对应的弯矩取矩的轴，且

F_a——轴心受压时的抗压容许应力；

F_b——受弯时的抗弯容许应力；

F''_e——欧拉应力乘以安全系数，$F'_e = \dfrac{12\pi^2 E}{23(Kl_b/r_b)^2}$（式中，$l_b$ 为弯曲平面内的实际无

支撑长度，而 r_b 为相应的回转半径；K 为弯曲平面内的计算长度系数）；

f_a——计算轴向应力；

f_b——计算点处的计算弯曲压应力；

C_m——系数，如下取值：

1）有侧移框架受压构件，$C_m = 0.85$；

2）无侧移框架的在弯曲平面内无横向荷载作用的有转动约束的受压构件，$C_m = 0.6 - 0.4(M_1/M_2)$，式中，M_1/M_2 为无支撑段两端的较小弯矩和较大弯矩之比，M_1/M_2 当存在反向曲率时取正值，同向曲率时取负值；

3）加载平面内无侧移框架的承受横向荷载的受压构件，C_m 可由分析确定。但是，无分析时，可采用以下数值：

①两端在弯曲平面内有转动约束，取 $C_m = 0.85$；

②两端在弯曲平面内无转动约束，取 $C_m = 1.0$。

2. 拉弯

压弯构件应力应满足以下要求：

$$\frac{f_a}{F_t} + \frac{f_{bx}}{F_{bx}} + \frac{f_{by}}{F_{by}} \leqslant 1.0 \tag{3.8}$$

式中　　f_a——计算拉应力；

　　　　f_b——计算弯曲拉应力；

　　　　F_t——抗拉容许应力。

但是当构件受弯与受拉作用相互独立时，弯曲压应力还应满足规范第 F 章的要求。

3.3　美国 LRFD 钢结构设计规范

采用 AISC LRFD—1999 即 Load and Resistance Factor Design Specification for Structural Steel Buildings，1999。规范采用分项系数法设计。［以下所述 LRFD 规范采用英制，即千磅－英寸－秒（kip-inch-second）单位制，如无注明，长度、力、弯矩和应力单位均分别为 in、kips、kip-in 和 ksi］

3.3.1　荷载组合

根据 ASCE 7—95，本工程基本组合为：

$$1.4D$$
$$1.2（D+T）+1.6L_f+0.5L_r$$
$$1.2（D+T）+1.6L_r+0.5L_f$$
$$1.2D+1.3W+0.5L_f+0.5L_r$$
$$0.9D+1.3W$$

式中符号见 3.1.1.2 节。

3.3.2　主要限值

LRFD 对挠度限值没有做出具体规定，挠度限值可按 IBC-2000，见表 3.2。

3.3.3　规范验算要点

3.3.3.1　强度设计基本要求

$$\phi P_n \geqslant P_u$$
$$\phi M_n \geqslant M_u \tag{3.9}$$
$$\phi V_n \geqslant V_u$$

式中　　　　ϕ——强度折减系数；

　P_u, M_u, V_u——分别为设计轴向力、设计弯矩、设计剪力；

　P_n, M_n, V_n——分别为名义轴向强度、名义抗弯强度和名义抗剪强度；

　　　ϕP_n——轴向设计强度；

　　　ϕM_n——抗弯设计强度；

ϕV_n——抗剪设计强度。

3.3.3.2　组合受力构件和受扭构件

本节适用于对于拉弯、压弯、拉弯扭、压弯扭、扭转等直构件。对于楔形腹板构件，见规范附录 F3。

1. 对称截面拉弯和压弯构件

（1）双轴对称和单轴对称截面拉弯构件

对称截面型钢拉弯构件的相关公式为：

1）当 $\dfrac{P_u}{\phi P_n} \geqslant 0.2$

$$\frac{P_u}{\phi P_n} + \frac{8}{9}\left(\frac{M_{ux}}{\phi_b M_{nx}} + \frac{M_{uy}}{\phi_b M_{ny}}\right) \leqslant 1.0 \qquad (3.10)$$

2）当 $\dfrac{P_u}{\phi P_n} < 0.2$

$$\frac{P_u}{2\phi P_n} + \left(\frac{M_{ux}}{\phi_b M_{nx}} + \frac{M_{uy}}{\phi_b M_{ny}}\right) \leqslant 1.0 \qquad (3.11)$$

式中　P_u——设计轴向力；

　　　　P_n——名义轴向强度；

　　　　x——下标表示绕强轴弯曲；

　　　　y——下标表示绕弱轴弯曲；

　　　　ϕ——受拉时取 ϕ_t；

　　　　ϕ_b——抗弯强度折减系数，取 0.90。

式（3.10）和式（3.11）允许采用更详细的拉弯相关分析代替，规范提供了替代公式，见规范附录 H3。

（2）双轴对称和单轴对称截面压弯构件

对称型钢压弯构件的相关公式为式（3.10）和式（3.11）

式中　ϕ——$\phi = \phi_c = 0.85$

　　　　P_u——设计轴向力；

　　　　P_n——名义轴向强度；

　　　　ϕ_b——弯曲抗力系数，取 0.90。

2. 受扭构件，轴心受力与/或弯剪扭组合受力非对称截面构件

构件设计强度 ϕF_n 应大于或等于根据弹性分析确定的由设计荷载产生的设计正应力 f_{un} 或设计剪应力 f_{uv}。

（1）正应力作用时屈服极限状态

$$\begin{aligned} f_{um} &\leqslant \phi F_n \\ \phi &= 0.90 \\ F_n &= F_y \end{aligned} \qquad (3.12)$$

（2）剪应力作用时屈服极限状态

$$\begin{aligned} f_{uv} &\leqslant \phi F_n \\ \phi &= 0.90 \\ F_n &= F_y \end{aligned} \qquad (3.13)$$

（3）屈曲极限状态

$$f_{un} \text{ 或 } f_{uv} \leqslant \phi_c F_n$$
$$\phi_c = 0.85 \tag{3.14}$$
$$F_n = F_{cr}$$

弹性屈服区域附近允许局部有约束的屈服。

3.4 欧洲 EC3 钢结构设计规范

参考欧洲钢结构设计规范《Design of steel structures-General rules and rules for buildings》ENV 1993—1—1：1992。ENV 表示为暂行规范，于 1992 年 4 月 24 日颁布。该规范后来正式修订为欧洲钢结构规范 EN 1993—1—1：2005。

规范采用分项系数表达式的极限状态设计方法。按照 EC3 推荐值，永久作用的分项系数取 $\gamma_G = 1.35$，可变作用的分项系数取 $\gamma_Q = 1.50$，承载力分项系数取 $\gamma_{M0} = \gamma_{M1} = 1.1$。

钢结构材料技术要求

4.1 一期工程

一期工程钢结构材料由业主通过国际招标采购，使用美标和欧标钢板和型钢，招标中也允许采用满足等同或更高标准的钢材。为满足我国钢结构规范的规定，在招标中补充了一些国外钢材标准中并没有规定的附加保证项目。

由于设计变更而增加的钢材采用国内型材。

4.1.1 主体钢材

4.1.1.1 圆钢管

（1）钢牌号采用满足欧洲标准《Hot finished structural hollow sections of non-alloy and fine grain structural steels - Technical delivery requirements》EN 10210-1：1994 的 S355J2H。

（2）钢管采用满足 EN 10210 的经过正火处理以消除残余应力的焊接圆钢管或热轧无缝圆钢管。钢管的公差、尺寸与截面特性应满足《Hot finished structural hollow sections of non-alloy and fine grain structural steels - Tolerances，dimensions and sectional properties》EN 10210—2：1997 的标准。

（3）附加保证项目

钢管压扁试验　钢管应进行压扁试验。试验时将试样放在两个平行平板之间，用压力机或其他方法均匀地压至规定的压板距离。压扁后平板间距为外径的 7/8 且不小于壁厚的 5 倍，压扁后试样不得出现裂缝或裂口。试验焊接管时，焊缝应位于同施力方向成 90°的位置。

（4）钢管交货状态

正火状态。

4.1.1.2 方管及矩形钢管

（1）钢牌号采用满足欧洲 EN 10210—1：1994 的 S355J2H 钢。

（2）钢管采用满足 EN 10210 的经过正火处理以消除残余应力的焊接方形及矩形钢管或热轧无缝方形及矩形钢管，钢管均以正火状态交货。对于钢管的公差、尺寸与截面特性，S355J2H 钢管应满足 EN 10210—2：1997 的标准。

（3）钢管交货状态

正火状态。

4.1.1.3 热轧 H 型钢、热轧剖分 T 型钢、热轧角钢、热轧槽钢

（1）钢牌号采用满足美国标准《Standard Specification for Carbon Structural Steel》ASTM A36-97a 的 A36 钢及满足美国标准《Standard Specification for High-Strength

Low-Alloy Columbium-Vanadium Structural Steel》ASTM A572—91 的 A572 Grade 50 钢；

（2）型钢采用满足美国标准《Standard Specification for General Requirements for Rolled Structural Steel Bars，Plates，Shapes，and Sheet Piling》ASTM 6—91b 的热轧 H 型钢、热轧剖分 T 型钢、热轧角钢、热轧槽钢。型钢的尺寸误差、表面质量应符合 ASTM 6-91b 的要求。

（3）附加保证项目

夏比 V 口冲击试验值　　　　　　　　　　27J（0℃）

钢材弯曲试验　　　　　　　　　　　　　符合表 4.1 的要求

A572 Grade 50 钢 180°弯曲试验弯心直径　　　　　　　表 4.1

钢材厚度 （in）	$\leqslant \dfrac{3}{4}$	$> \dfrac{3}{4} \sim 1$	$> 1 \sim 1\dfrac{1}{2}$	$> 1\dfrac{1}{2} \sim 2$	$> 2 \sim 6$
弯心直径 （a＝试样厚度）	a	$1.5a$	$2.5a$	$3a$	—

（4）型钢交货状态

热轧状态。

4.1.1.4　厚钢板

（1）钢牌号采用满足 ASTM A572—91 的 A572 Grade 50 钢。

（2）钢板采用热轧钢板，钢板须经过正火处理。A572 Grade 50 钢板应满足 ASTM 6—91b 的要求。

（3）附加保证项目

夏比 V 口冲击试验值　　　　　　　　　　27J（0℃）

钢材弯曲试验　　　　　　　　　　　　　符合表 4.1 的要求

（4）钢板交货状态

正火状态。

4.1.1.5　厚度方向性能钢板

（1）钢牌号采用 A572 Grade 50—Z15、A572 Grade 50—Z25 钢。A572 Grade 50—Z15、A572 Grade 50—Z25 钢应满足《厚度方向性能钢板》GB/T 5313—1985 及 ASTM A572—91 的要求。

（2）钢板用热轧钢板，钢板须经过正火处理。A572 Grade 50—Z15、A572 Grade 50—Z25 钢板应满足 ASTMA 6—91b 及《普通碳素结构钢和低合金结构钢-热轧厚钢板和钢带》GB/T 3274—1988 的要求。钢板必须按《中厚钢板超声波检验方法》GB/T 2970—1991 进行超声波检测。

（3）附加保证项目

夏比 V 口冲击试验值　　　　　　　　　　27J（0℃）

钢材弯曲试验　　　　　　　　　　　　　符合表 4.1 的要求

（4）钢板交货状态

正火状态。

4.1.1.6　锻钢

（1）钢牌号采用 S355J2H 钢。

（2）锻钢件应符合《压力容器锻件 技术条件》JB 755—1985 的要求。锻制后进行正火热处理。锻件需进行机加工，以满足设计需要的精度。尺寸允许误差如图上无注明，外形尺寸的容许误差为±1mm。

（3）锻钢件的交货状态

正火状态（并经过机加工）。

（4）试验方法与检验规则

按《压力容器锻件 技术条件》JB 755—1985进行。锻件质量级别为Ⅳ级。

4.1.2 压型钢板

（1）制作压型钢板的冷轧钢板采用符合《连续热镀锌薄钢板和钢带》GB/T 2518—1988（或等同或更高标准）的连续热镀锌或热浸锌薄钢板或薄钢带。A、A′、B、B1、C、C1～C3 型压型钢板最小镀锌厚度为 275g/m²，D 型为 600g/m²。加工目的为 JG（结构用）。表面质量为 Z 和二组（正常结晶速度）。钢板最小屈服强度不小于 240N/mm²。压型钢板应符合《建筑用压型钢板》GB/T 12755—1991（或等同或更高）标准。

（2）A、A′型压型钢板为屋面用压型钢板，B、B1、C、C1～C3 型压型钢板为屋面用组合压型钢板，D 型压型钢板为带抗剪压痕的组合楼板结构用压型钢板。D 型压型钢板需进行混凝土-压型钢板叠合面的纵向抗剪试验，以确定叠合面纵向抗剪承载力 V_u 计算参数。V_u 由 M. L. 波特（M. L. Poter）公式计算：

$$V_u = \varphi\left[\frac{d_s}{S}\left(m\frac{A_s}{L_v} + kB\sqrt{f_c}\right) + \frac{rW_1L}{2}\right]$$

式中，系数 m、k 通过试验确定。

（3）A、A′、B、B1、C、C1～C3 型压型钢板按图纸要求进行冷弯，且成型、开孔后的有效截面参数不小于：

1）B、B1 型组合压型钢板（$t=1.2$mm，$W_t=32.0$kg/m²）：

$I_p=42566$mm⁴/mm，$S_p=392$mm³/mm；

2）B、B1、C、C2 型组合压型钢板（$t=1.52$mm，$W_t=40.5$kg/m²）：

$I_p=55927$mm⁴/mm，$S_p=321$mm³/mm；

3）B、B1、C1、C3 型组合压型钢板（$t=1.9$mm，$W_t=50.3$kg/m²）：

$I_p=73631$mm⁴/mm，$S_p=419$mm³/mm；

D 型可采用定型产品，波高76mm，壁厚 $t=0.9$mm，$W_t=10.5$kg/m²，成型后的截面参数不小于：

$I_p=1281$mm⁴/mm，$S_p=29.7$mm³/mm，$S_n=30.7$mm³/mm。

以上各式 $t=$镀锌前钢板厚度，$I_p=$正弯矩有效截面惯性矩，$S_p=$正弯矩有效截面抵抗矩，$S_n=$负弯矩有效截面抵抗矩，$W_t=$重量。

（4）压型钢板应按设计长度下料，不可现场拼接。

（5）对于 B、B1、C、C1～C3 型组合压型钢板的下面翼缘板为穿孔吸音饰面，穿孔率为 15%（孔径、孔距可参考附图。饰面材料颜色另定，或由厂商提供选定）。要求吸声系数应基本符合表 4.2 要求。

（6）B、B1、C、C1～C3 型组合压型钢板应内衬最小 50mm 厚的隔音材料（容重为48kg/m³）以满足吸声要求，具体厚度由吸声试验确定，隔音材料在压型钢板吊装前装好。现场涂抹涂料时，应将隔音材料支起在开孔面以上，以免堵塞孔洞。隔音材料采用无贴面保温玻璃棉。

吸声系数   表 4.2

Hz	125	250	500	1000	2000	4000	NRC
α	1.03	0.94	0.85	0.83	0.70	0.55	0.85

注：吸声系数根据 ASTM C423—90A 及 E795-83 进行吸声试验。

4.1.3 膜结构材料

（1）膜材必须是使用丝径在 3.30～4.05mm 范围内的 B 纱所织成的玻璃纤维布，再在其上进行 PTFE 树脂涂层加工而生产出的产品；

（2）玻璃纤维布必须满足表 4.3 或表 4.4 中所示的特性；

建筑用膜材材料的性能（一）   表 4.3

品名	项目		单位	JIS 标准		ASTM 标准	
				标准值	实验方法	标准值	实验方法
玻璃纤维布	厚度		mm	0.45±0.05	JIS R 3424	0.45±0.05	ASTM D 579
	重量		g/m²	500±15	JIS R 3424	500±15	ASTM D 579
	密度	经	条/25mm	24.5±1.0	JIS R 3424	24.5±1.0	ASTM D 579
		纬		19.5±1.0		19.5±1.0	
	抗拉强度	经	N/25mm	3000 以上	JIS R 3424	3000 以上	ASTM D 579
		纬		2900 以上		2900 以上	
	断裂伸长率	经	%	5.0±2.0	JIS R 3424	5.0±2.0	ASTM D 579
		纬		4.0±2.0		4.0±2.0	
	纬向偏斜		%	3.0 以下	JIS L 1096	3.0 以下	ASTM D3882
膜材材料	厚度		mm	0.8±0.10	JIS K 6328	0.8±0.10	ASTM D 4851
	重量		g/m²	1,300±130	JIS K 6328	1,300±130	ASTM D 4851
	密度	经	条/25mm	25＋2，−1	JIS L 1096	25＋2，−1	ASTM D 4851
		纬		19＋2，−1		19＋2，−1	
	抗拉强度	经	N/3cm	4410 以上	JIS L 1096	3330	ASTM D 4851
		纬		3530 以上		2880	
	断裂伸长率	经	%	3.0～10.0	JIS L 1096	3.0～10.0	ASTM D 4851
		纬		6.0～15.0		6.0～15.0	
	断裂强度	经	N	294 以上	JIS L 1096	272	ASTM D 4851
		纬		294 以上		272	
	纬向偏斜		%	4.0 以下	JIS L 1096	4.0 以下	ASTM D 4851
	漂白后的透光率		%	12±3.0	JIS R 3106	12±3.0	ASTM E 424
	漂白后的反射率		%	80±10.0	JIS R 3106	80±10.0	ASTM E 424
	剥落强度	经	N/cm	24.5 以上	JIS K 6328	24.5 以上	ASTM D 4851
		纬		24.5 以上		24.5 以上	

（3）膜材的防火性能要满足中国及美国标准《Standard Test Methods for Fire Tests of Roof Coverings》ASTM E 108 ClassA、《Standard Test Method for Surface Burning Characteristics of Building Materials》ASTM E 84、《Standard methods of fire Tests for flame propagation of textiles and films》NFPA701 或澳大利亚标准《Methods for Fire Tests on Building Materials，Components and Structures》AS1530 规范中有关的规定。

建筑用膜材材料的性能（二） 表 4.4

表面膜层	PTFE				
基本纤维	玻璃丝织物				
主要特性	单位	数值	单位	数值	测试标准
涂膜纤维重量（±10%）	盎司/平方码（oz/yd²）	40.7	g/m²	1380	ASTM D4851-97
厚度（±0.1）	密耳（mil）	31.5	mm	0.8	ASTM D4851-97
抗拉强度：经向　　　　　纬向	磅/英寸磅/英寸（LB/in）	800700	N/5cm	70046129	ASTM D4851-97
抗皱褶：经向　　　　　纬向	磅/英寸磅/英寸（LB/in）	700600	N/5cm	61295253	ASTM D4851-97
不规则四边形抗拉能力：经向　　　　　　　　　纬向	磅磅	8070	N	355311	ASTM D4851-97
镀膜黏附力	磅/英寸	10	N/5cm	88	ASTM D4851-97
	单位	数值			ASTM D4851-97
破损时的拉长长度：经向　　　　　　　纬向	%%	6～911～15			ASTM D4851-97
阳光穿透率阳光反射率	%%	1070			ASTM E424-71
颜色	可视	白色（暴露在阳光下之后）			

4.2　一期扩建工程

一期扩建工程钢结构材料均采用国产钢材。

4.2.1　主体钢材

（1）圆钢管采用满足《结构用无缝钢管》GB/T 8162—1999 的 Q345B 热轧无缝钢管；

（2）方（矩）形钢管采用热成型方（矩）形管或一条直缝的冷成型方（矩）形管，但冷成型方（矩）形管柱在梁-柱节点区（节点及上下各 $2h$ 范围，h 为柱截面高度）应进行正火热处理，且钢管的焊缝宜避开梁柱连接面，冷成型方（矩）形管应满足《冷弯型钢》GB/T 6725—2002 的要求；

（3）热轧 H 型钢、热轧工字钢、热轧角钢采用满足国内标准的热轧宽翼缘 H 型钢、热轧工字钢、热轧角钢，其钢材采用 Q235B 及 Q345B 钢；

（4）焊接 H 型钢梁，钢板用 Q235B 及 Q345B 钢板，按《焊接 H 型钢》YB 3301—1992 制作；

（5）T 型钢采用满足《热轧 H 型钢和剖分 T 型钢》GB/T 11263—1998 热轧剖分 T 型钢，其钢材采用 Q235B 及 Q345B；

（6）连接楼膜结构采光天窗及膜结构雨篷中心拉索采用《斜拉桥热挤聚乙烯高强钢丝拉索技术条件》GB/T 18365—2001、《建筑缆索用钢丝》CJ 3077—1998、《建筑缆索用高密度聚乙烯塑料》CJ/T 3078—1998 的单层或双层（双层用于外露部位）护层高强度镀锌半平行钢丝索缆索（f_{ptk}＝1670MPa）；

（7）指廊预应力钢结构中的预应力拉索采用符合 JG 161—2004 的低松弛镀锌钢铰线（f_{ptk}＝1860MPa），外包层材料采用高密度聚乙烯，涂料层采用符合《无粘结预应力筋专用防腐润滑脂》JG3007 的专用防腐油脂。拉索两端采用符合《预应力筋用锚具、夹具和连接器》GB/T 14370—2000 的带防松脱装置的夹片锚具（Ⅰ类）；

（8）对于板厚 t 为 $t \geqslant 40$mm 的钢板，均应做厚度方向拉力试验。其厚度方向的断面收缩率当 $40 \leqslant t \leqslant 60$mm 时应满足 GB 5313 之 Z15 级要求，当 $60 < t \leqslant 125$mm 时应满足 Z25 级要求。钢板还应按《中厚钢板超声波检验方法》GB/T 2970—1991 进行超声波检查；

（9）钢铸件采用符合德国标准《Cast steels with improved weldability and greater toughness for general engineering purposes》DIN 17182—1985 规定的 GS-20Mn5N 经正火处理可焊接高韧性钢铸件。

4.2.2　压型钢板

（1）制作压型钢板的钢板采用符合《连续热镀锌钢板及钢带》GB/T 2518—2004 的连续热镀锌薄钢板或薄钢带。基板为"结构级"，强度为 350 级，屋面板的最小双面镀锌量为 275g/m²，楼承板的最小双面镀锌量为 350g/m² 或最小双面镀铝锌量为 275g/m²；

（2）屋面板 A、B、C、D 型为箱形组合压型钢板，E 型为单层压型钢板，均为非标压型钢板，应按图纸要求进行轧制；

（3）楼承板为闭口型，可按图轧制，也可采用满足图纸尺寸、材料要求的标准成品，其截面参数不小于：$t = 0.75$mm，$I_\Delta = 95.29$cm⁴/m，$S_p = 18.87$cm³/m，$S_n = 16.23$cm³/m，$W_t = 12.4$kg/m²，波高 65mm（t＝镀锌前钢板厚度，I_Δ＝有效截面惯性矩，S_p＝正弯矩有效截面抵抗矩，S_n＝负弯矩有效截面抵抗矩，W_t＝重量）。

4.2.3　膜结构材料

4.2.3.1　膜材

（1）膜材质量保证期 $\geqslant 15$ 年；

（2）连接楼采光天窗外膜、膜结构雨篷膜材采用 PTFE 涂层的玻璃纤维布。材料应满足《膜结构技术规程》CECS：158—2004 的要求，膜材类别为 G 类，代号为 GT，级别为 B 级，基材厚度 0.8mm。经向抗拉强度 $\geqslant 4400$N/3cm，纬向抗拉强度 $\geqslant 3500$N/3cm；

（3）连接楼采光天窗内膜采用 PTFE 涂层的玻璃纤维布内膜膜材，应通过 A 级防火测试，基材厚度 $\geqslant 0.3$mm。经向抗拉强度 $\geqslant 2700$N/5cm，纬向抗拉强度 $\geqslant 2100$N/5cm。

4.2.3.2 钢索

膜结构拉索采用满足《斜拉桥热挤聚乙烯高强钢丝拉索技术条件》GB/T 18365—2001、《建筑缆索用钢丝》CJ 3077—1998、《建筑缆索用高密度聚乙烯塑料》CJ/T 3078—1998 的单层或双层（双层用于外露部位）护层高强度镀锌半平行钢丝缆索（$f_{ptk} = 1670\text{MPa}$）。

5 主楼钢结构设计

5.1 混凝土结构楼盖

下部混凝土结构楼盖（图5.1）采用框架结构，楼盖采用连续单向板肋梁楼盖。主楼的轴网为两组圆弧轴网，典型的环向轴线间距为18m，典型的径向轴线间距为9m［按B（T）轴弦长］［B（T）轴为主楼最外一列楼层柱所在环向轴线］。支承楼盖梁板的柱网为18m×18m［环向柱距按B（T）轴弦长］，次梁跨度为18m，间距为3m，沿结构单元长向布置，利用次梁及框架梁的预应力筋抵抗超长混凝土的收缩应力，楼板为钢筋混凝土板。框架梁采用后张有粘结预应力混凝土结构，次梁采用后张无粘结预应力混凝土结构。

在11～12轴和24～25轴之间设置两条横向结构缝，在K轴设置一条纵向结构缝，将混凝土楼盖结构分成6个单元，每个单元尺寸大致相当，最大单元尺寸为120m×80m。采用双柱法分缝，结构缝两侧混凝土柱均不伸上顶层，楼盖结构缝与屋面和屋盖分缝对齐。

首层梁板顶面结构标高为-0.100m，位于G、N轴的两排混凝土巨型柱之间的区域形成纵向内走廊；2层梁板面结构标高为3.470m，3层梁板顶面结构标高为7.400m。

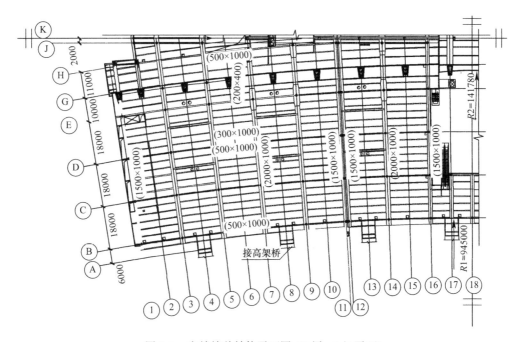

图5.1 主楼楼盖结构平面图（3层，1/4平面）

　　支承钢屋盖的混凝土巨型柱设在平面中部的 G 轴（N 轴），巨型柱与楼盖结构之间采用结构缝完全脱开，直接落地，相互之间不传力。1～3 轴和 33～36 轴的局部梁板由于建筑布置的需要，梁板一端简支在巨型柱上（图 5.2），梁板竖向荷载通过巨型柱牛腿传递给巨型柱，梁板与巨型柱之间设结构缝，牛腿上设置橡胶垫，以尽量释放转动约束和水平向平动约束。

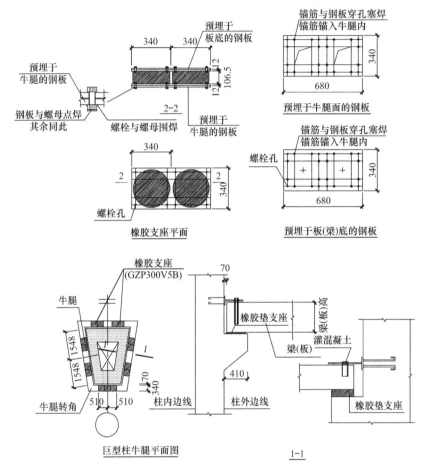

图 5.2　楼盖梁板与巨型柱的牛腿连接

　　主楼地上的钢结构主体结构和混凝土楼盖结构受力基本相互独立。

5.2　混凝土巨型柱

　　混凝土巨型柱平面布置见图 5.3，柱位于建筑平面内走廊两侧的 G 轴（N 轴），共有 36 根，沿环向柱间距为 18m［按 B（T）轴弦长］，为不同高度、不同截面的中空式钢筋混凝土柱。两巨型柱列之间的间距按弧线变化，变化范围为 22.1～45m。

　　巨型柱详见图 5.4 和表 5.1，柱横截面呈等腰梯形，柱底截面上底和下底尺寸分别为 1500mm 和 2500mm，截面高度 h_1 每根柱都不相同，为 3055～4500mm。标高 7.400 以下部分的柱段为等截面棱柱体，标高 7.400 以上部分为变截面柱，G（N）轴柱朝 F（P）轴方向的侧面为斜面，其余 3 个侧面均为垂直面。柱顶截面下底尺寸和柱底截面相同，而上底尺寸变为 1737～1946mm，壁厚 t_1 和 t_2 每根巨型柱均相同，柱混凝土强度等级为 C40。

巨型柱最上端 5m 高度变为实截面柱，以便于与钢结构支座连接，钢屋盖主桁架采用平板支座与巨型柱铰接。上部实截面导致变截面处的水平模板无法拆除，也不能采用易腐烂的木模板和容易生锈的钢板，所以在施工最后 1 节空心柱时，空心内侧四周预做 1 圈 150mm 宽、100mm 高的钢筋混凝土牛腿，实心部位开始施工前，浇注 1 块 80mm 厚的钢筋混凝土预制板盖在空心部位的牛腿上以作为永久性水平模板。

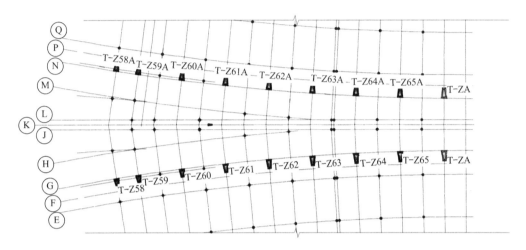

图 5.3　混凝土巨型柱定位图

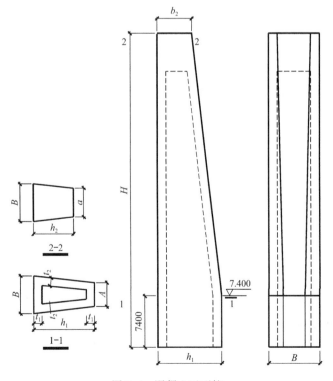

图 5.4　混凝土巨型柱

巨型柱尺寸（mm）　　　　　　　　　　　　　　　　表 5.1

柱号	TZA	TZ-65 TZ-65a	TZ-64 TZ-64a	TZ-63 TZ-63a	TZ-62 TZ-62a	TZ-61 TZ-61a	TZ-60 TZ-60a	TZ-59 TZ-59a	TZ-58 TZ-58a
A	1500	1500	1500	1500	1500	1500	1500	1500	1500
B	2500	2500	2500	2500	2500	2500	2500	2500	2500
a	1946	1942	1933	1919	1897	1869	1829	1773	1737
h_1	4500	4457	4370	4236	4066	3830	3556	3234	3055
h_2	2491	2486	2477	2462	2452	2417	2386	2350	2331
t_1	750	750	750	750	750	750	750	750	750
t_2	500	500	500	500	500	500	500	500	500
H	40231	39612	38339	36405	33798	30520	26560	21898	19297

5.3　人字形柱

　　每组人字形柱由两根变截面空间组合钢管柱组成，两根组合钢管柱上端用钢板连接，并共用一根销轴（铰支座）与屋盖主桁架相连接；两根组合钢管柱下端各自用一根销轴（铰支座）固定在混凝土楼盖梁板上。

　　人字形柱平面布置见图 5.5，人字形柱下支座位于 A（U）轴，人字形柱上支座位于

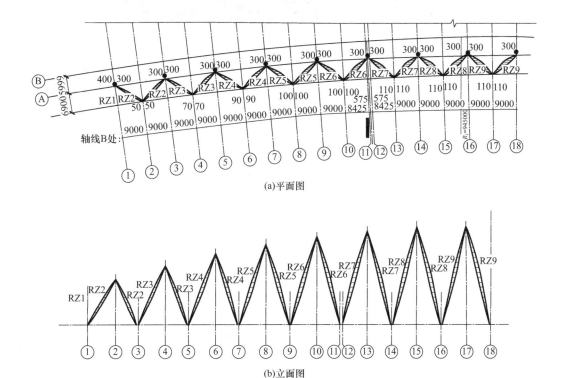

(a)平面图

(b)立面图

图 5.5　主楼人字形柱结构平面布置图（1/4 平面）

自 A（U）轴向外偏移 6000mm 的弧线轴上，上支座沿环向间距为 18m［按 B（T）轴弦长］。每列人字形柱由 16 组人字形柱，共 34 根（两边的两根组合钢管柱为单根）长度不同的变截面空间组合钢管柱组成，总计使用组合钢管柱 68 根。人字形柱的柱顶标高从东西两端的 14.7m 升高到中间的 35.7m，由里向外倾斜，侧视图倾角 $\beta=11.36°\sim28.01°$，正视图倾角 $\alpha=62.75°\sim90°$，人字柱传给支座的力以垂直分量为主，受力较为理想。

人字形柱沿纵向形成支撑结构，有效提高结构的纵向刚度和结构的稳定性。每组人字形柱可以绕垂直于主桁架平面的上、下销轴支座转动，成为主桁架的铰接柱。人字形柱起到了承重柱和柱间支撑二合一的作用（图 5.6）。

图 5.6　主楼人字形柱（施工现场实景）

变截面空间组合钢管柱的参数详见表 5.2，支管均采用 $\phi273\times16$ 圆钢管，钢牌号为 S355J2H，最大支管间距 $cl=650\sim1500mm$。隔板厚度为 20mm，钢牌号为 A572-G50，隔板间距为 $2500\sim4300mm$。

关于变截面空间组合钢管柱，详细论述见第 12 章。

白云机场一期主楼变截面空间组合钢管柱参数表　　　　表 5.2

柱号	FL/(mm)	H/(mm)	α/(度)	β/(度)	L/(mm)	al/(mm)	cl/(mm)
RZ1	14556	12852	90.00	28.01	14560	650	2500
RZ2	18985	16878	62.75	23.72	20380	830	3500
RZ3	22922	21230	67.85	18.65	24020	990	3500
RZ4	26457	25014	70.99	15.75	27380	1133	3500
RZ5	29465	28183	73.04	13.94	30280	1255	3500
RZ6	31897	30719	74.38	12.77	32650	1353	3500
RZ7	33717	32609	75.27	12.02	34420	1427	3500
RZ8	34922	33853	75.79	11.57	35600	1476	3500
RZ9	35512	34462	76.03	11.36	36180	1500	3500

注：表中参数符号详见图 12.1、图 12.2。

5.4　钢屋盖结构平面

主楼屋盖支承柱为混凝土巨型柱和人字形柱，巨型柱与人字形柱（上支座）间距为76.9m。

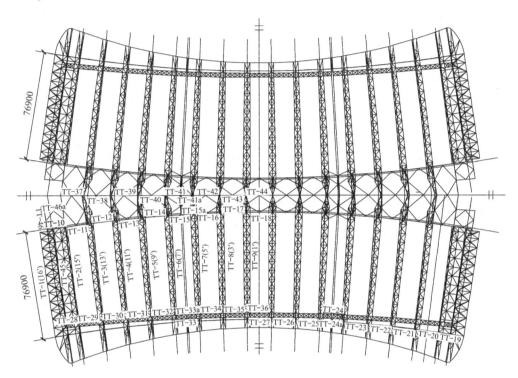

图5.7　主楼屋盖结构平面布置图

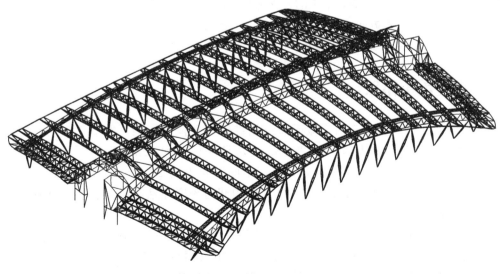

图5.8　主楼屋盖结构透视图

主楼屋盖平面见图 5.7，屋盖透视图见图 5.8。屋盖轴网与楼盖轴网对齐，主桁架所在柱网由楼盖轴网每两根抽掉一根而得到。考虑屋盖超长，屋盖结构及屋面板用两条横向结构缝分为三段，屋盖结构缝位于 11～12 轴和 24～25 轴之间，与混凝土楼盖结构的分缝位置对齐。

屋盖主体结构采用管桁架钢结构体系，横向主桁架（TT-1～TT-9）采用三角形立体管桁架，沿径向轴线布置，典型主桁架间距大约为 18m［按 B（T）轴弦长］，端部主桁架间距为 9m［按 B（T）轴弦长］。纵向桁架为平面桁架，共 5 道，分别沿人字柱列上支座（TT-19～TT-27）、G（N）轴（附近）（TT-10～TT-18）、K 轴（TT-37～TT-44）。其中两道纵向桁架设置在平面两边，3 道设在中部膜结构屋盖，既增强屋盖整体性，又满足膜结构屋盖的受力需要。

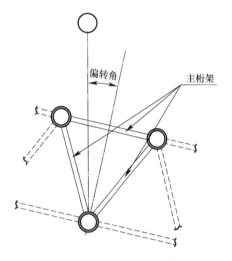

图 5.9 主楼主桁架偏转角

屋盖上弦设有两道横向水平支撑和两道纵向水平支撑。横向水平支撑设在端部 1～2 轴之间、34～35 轴之间（TT-45）和悬臂端，与两榀主桁架连成整体。纵向桁架沿 A（U）轴附近设置，并形成水平放置的平面桁架（TT-28～TT-36）。密铺于主桁架上弦之间的超大跨度箱形压型钢板主体结构的一部分起连接各主桁架及提供主桁架侧向约束和支撑作用，也可起到阻止桁架上弦面外失稳的作用。

屋面采用超大跨度箱形压型钢板承重，不设檩条。箱形压型钢板的跨长略大于 14m，直接支承于主桁架之间。主楼屋面近似几何球形，通过变化三角形主桁架支座高度和自身转动以形成近似几何球形屋面。每根主桁架支承在两根混凝土巨型柱和两组人字形柱上，在大混凝土柱上的支承高度为 41.9m 到 21.0m 不等，在人字形柱的支承高度为 35.7m 到 14.7m 不等，中央的柱支承高度最高，向两端逐渐降低。主桁架 TT-9 绕支承点连线向屋面倾斜方向偏转 1°（图 5.9），主桁架 TT-8 偏转 3°，TT-7～TT-2 依次偏转 5°、7°……15°，主桁架 TT-1 偏转 16°。

5.5 钢屋盖主桁架

屋盖横向主桁架采用三角形截面曲线相贯焊接立体管桁架（图 5.13～图 5.15），TT-1 为单跨带一端悬臂桁架，跨度 76.9m，悬臂长度约 20m；TT-2～TT-9 为三跨带两端悬臂桁架，边跨跨度均为 76.9m，中间跨跨度为 22.1～45m，两端悬臂长度 7.6～22.7m，位于屋盖中部的桁架 TT-9 的中间跨跨度和悬臂长度最小，向两端逐渐减小。

桁架侧面采用与弦杆 K 形连接的斜腹杆形式，顶面（底面）采用与弦杆 T 连接的直腹杆形式，节点为有间隙相贯焊接管节点，采用双向偏心节点实现腹杆之间的间隙（图 5.10），腹杆之间无搭接，按等强坡口焊缝相贯管节点设计。

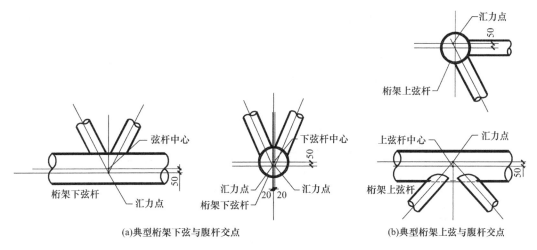

(a)典型桁架下弦与腹杆交点　　　　　　(b)典型桁架上弦与腹杆交点

图 5.10　双向偏心圆管无搭接相贯节点

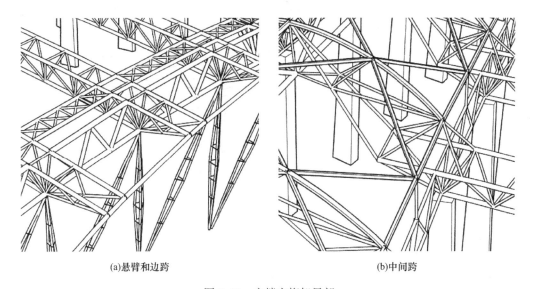

(a)悬臂和边跨　　　　　　　　　　(b)中间跨

图 5.11　主楼主桁架局部

悬臂端和边跨桁架横截面为倒置的等腰三角形 [图 5.11 (a)]，桁架宽度按线性变化，人字形柱处为 3.8m，混凝土巨型柱处为 5.25m（圆管中心距）。混凝土巨型柱处为主桁架内支座，截面加宽有利于桁架受力。边跨桁架高度相等，上下弦在桁架平分面（桁架平分面为通过下弦且垂直于桁架顶面的平面）的投影为两条同心圆弧，圆弧半径分别为 570750mm 和 565750mm，因此桁架高度为 2.5m；悬臂跨为变高度，在悬臂端部汇交成一点。边跨和悬臂的桁架杆件采用圆管，弦杆截面尺寸为 ϕ508mm×（16～25）mm，腹杆截面尺寸为 ϕ244.5mm×（7.1～12）mm。

中间跨桁架横截面过渡为正放的等腰三角形 [图 5.11 (b)]，上弦为单管，由对称的两段不同心的圆弧钢管连接而成，两根下弦为直线管，弦杆在中间跨跨中汇交成一段竖线（杆）。中间跨桁架的下弦杆和腹杆采用圆管，下弦杆截面尺寸为 ϕ323.9mm×（8～16）mm，腹杆截面尺寸为 ϕ244.5mm×（7.1～16）mm。由于中间跨桁架兼作膜结构屋面的骨架，因此此处桁架上弦杆采用方管，截面为 2-500mm×300mm×12.5mm（双管合并成一根 600mm 宽截面）。

主楼东西两端与连接桥相接，连接桥为方（矩）形管相贯焊接钢结构，与主楼用结构缝分开。主楼-连接桥过渡体的做法见图 5.12，其建筑外状、结构形式、屋面造型与连接桥相协调。主要杆件采用 □400×400 和 □300×800。节点 A 与邻近的混凝土楼层柱连接，以增强过渡体的稳定性。

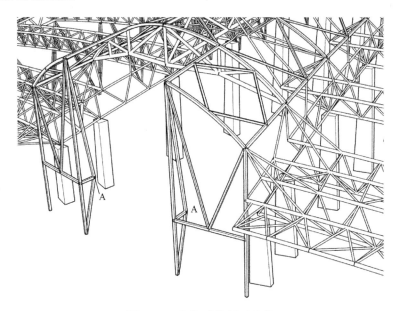

图 5.12　主楼-连接桥过渡体

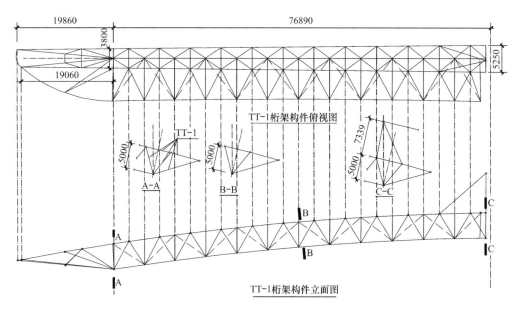

图 5.13　主楼主桁架（TT-1）

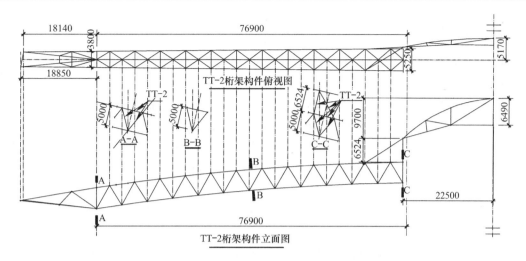

图 5.14 主楼主桁架（TT-2）

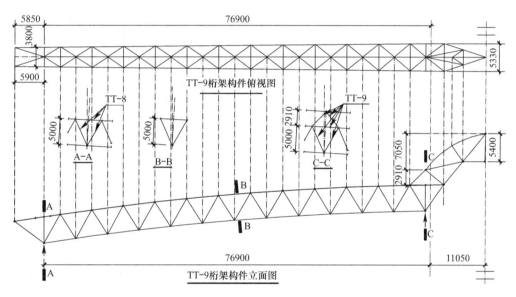

图 5.15 主楼主桁架（TT-9）

5.6 不同程序分析比较

屋盖结构静力分析及规范验算采用 STAAD 和 ANSYS 两个程序进行计算。STAAD 为主要计算程序，采用线弹性分析进行各基本荷载工况效应计算，然后进行工况的线性组合并进行规范验算。ANSYS 为复核程序，采用几何非线性弹性分析进行各基本荷载工况效应计算，然后进行线性工况组合。

由结构缝将钢屋盖分为三块，较低的两块呈东西对称，取其中一块作为分析对象，为 Low（低）区，较高的一块为 High（高）区。

5.6.1 ANSYS 分析

5.6.1.1 分析方法

1. 几何模型

几何模型见图 5.17 和图 5.18。梁和桁架采用三维线单元，板采用壳单元。人字形柱-变截面组合柱采用圆管杆单元及板壳单元完整模拟，而不是简化成一根杆件。

为了能方便地施加垂直于屋盖的法向风荷载，将屋面板视为一个薄板，其弹性模量适当折减，板厚取为 $t_p = 0.1\text{mm}$，而薄板面积对上弦杆件面积增加的幅度为 3.25%，其影响可以忽略。

几何模型模拟桁架偏心节点的偏心布置，偏心刚域采用刚性较大的圆管模拟（图 5.16）。

混凝土巨型柱用等直杆近似模拟，手工输入截面面积和截面惯性矩参数。

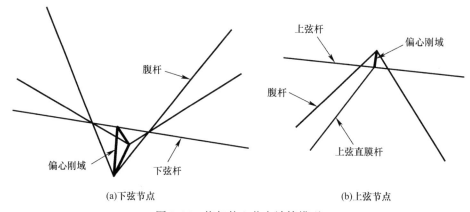

(a)下弦节点   (b)上弦节点

图 5.16　桁架偏心节点计算模型

2. 单元类型

桁架圆管弦杆、圆管腹杆采用单轴单元，宽翼缘工字钢及角钢采用梁单元，屋面板及人字形柱上钢板采用壳单元。单轴单元具有拉-压、扭转和弯曲能力，两端节点具有 6 个自由度；梁为双轴单元，具有拉、压、扭转和弯曲能力，两端节点具有 6 个自由度；壳单元具有弯曲和膜作用能力，允许平面内荷载和法向荷载，每节点具有 6 个自由度，计算考虑弯曲和膜作用。

3. 材料性质

钢材弹模 $E = 2.06 \times 10^5 \text{N/mm}^2$；泊松比 $\gamma = 0.3$；密度 $\rho = 7850\text{kg/m}^3$。

4. 支座与约束

桁架端部铰接于混凝土柱和人字形柱上，人字形柱与基础的连接方式为铰接。屋面板与桁架上弦节点的连接方式为铰接，通过耦合约束实现板与桁架上弦节点的连接。屋盖中间膜结构在结构计算中用等效膜张力的方式模拟。

管桁架弦杆为连续构件，腹杆两端按固端考虑。

5. 计算长度

立体桁架弦杆计算长度取 l，腹杆计算长度一般取 l，但在纵向桁架与立体桁架交汇处的腹杆计算长度取 $0.8l$（l 为构件的节点中心间距）。

6. 计算方法

采用 ANSYS 软件, 每个荷载步定义一个荷载工况, 荷载步号和荷载工况号相同, 对工况计算结果进行线性组合。根据《钢结构设计规范》GBJ 17—1988 进行手工规范验算。

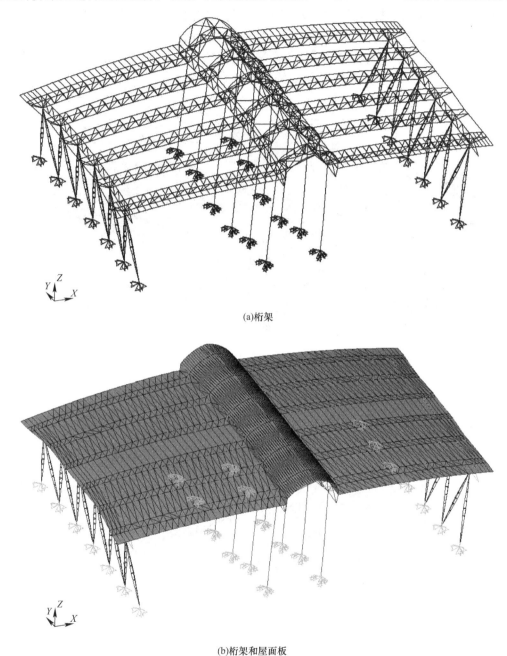

(a)桁架

(b)桁架和屋面板

图 5.17 主楼屋盖 ANSYS 分析模型 （High）

5.6.1.2 分析结果

High 区屋盖结构在其本工况 1～9 的竖向位移 UZ 见图 5.19～图 5.27。竖向位移 UZ

在组合工况 38 最大，主桁架跨度 76.9m，跨中最大竖向位移为—147.82mm，挠跨比为
1/520。风荷载作用下的 X 向水平位移 UX，在工况 3（0°方向风）最大，巨型柱的最大 X
向柱顶位移为 56.05mm，最大 X 向侧移角为 1/962。

Low 区屋盖结构在其本工况 1～9 的竖向位移 UZ 见图 5.28～图 5.36。竖向位移 UZ
在组合工况 38 最大，主桁架跨度 76.9m，跨中最大竖向位移为—132.71mm，挠跨比为
1/579。在风荷载作用下的 X 向水平位移 UX，在工况 3（0°方向风）最大，巨型柱的最大
X 向柱顶位移为—13.58mm，最大 X 向侧移角为 1/3057。

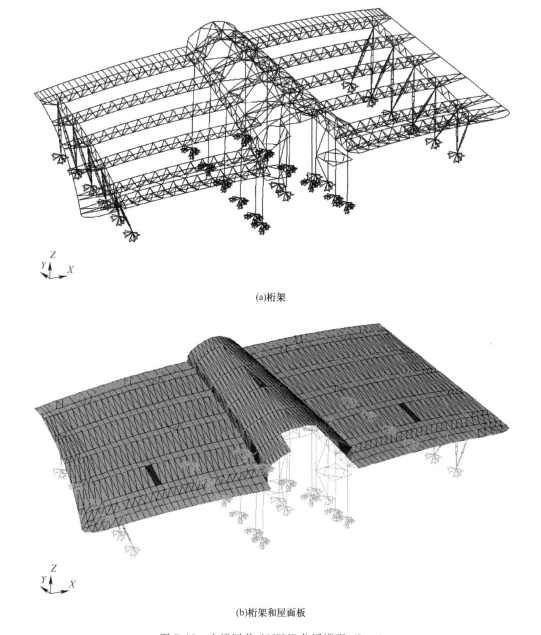

(a)桁架

(b)桁架和屋面板

图 5.18　主楼屋盖 ANSYS 分析模型（Low）

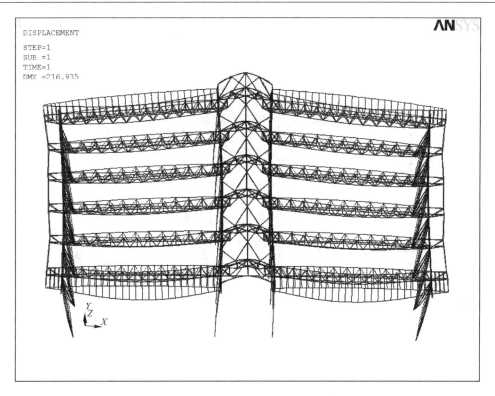

图 5.19 主楼屋盖 ANSYS 分析 High 区位移（工况 1）

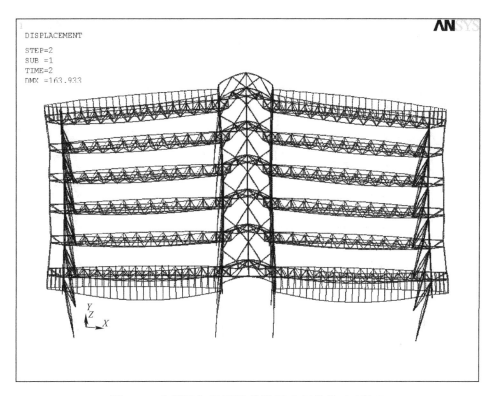

图 5.20 主楼屋盖 ANSYS 分析 High 区位移（工况 2）

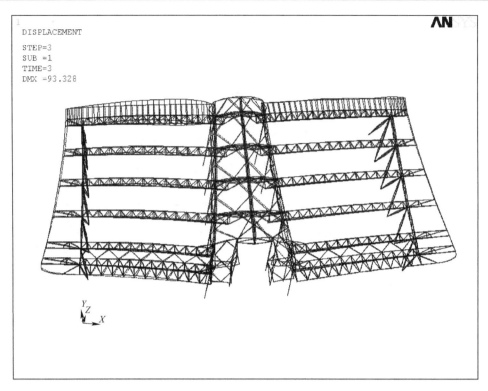

图 5.21　主楼屋盖 ANSYS 分析 High 区位移（工况 3）

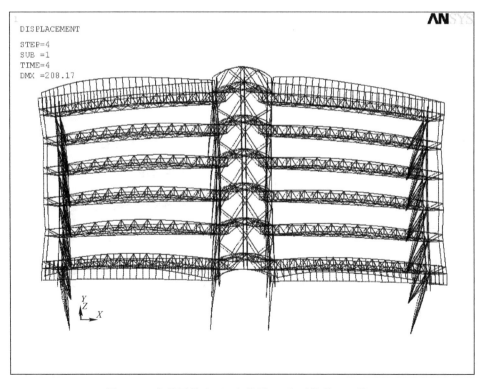

图 5.22　主楼屋盖 ANSYS 分析 High 区位移（工况 4）

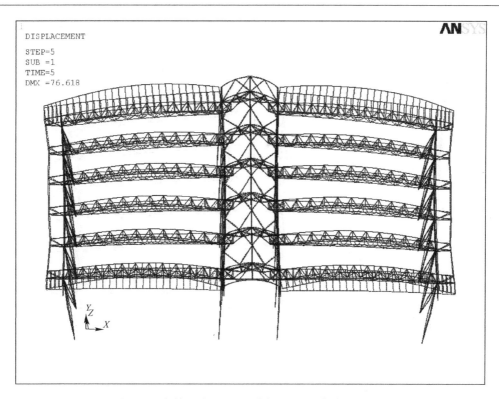

图 5.23 主楼屋盖 ANSYS 分析 High 区位移（工况 5）

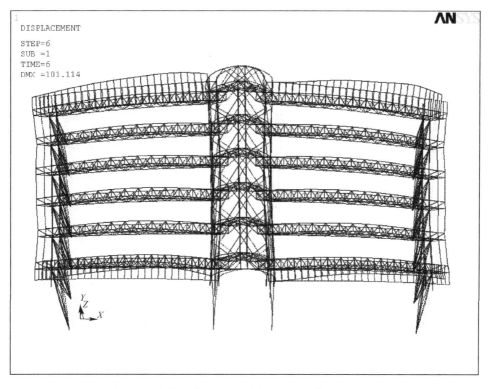

图 5.24 主楼屋盖 ANSYS 分析 High 区位移（工况 6）

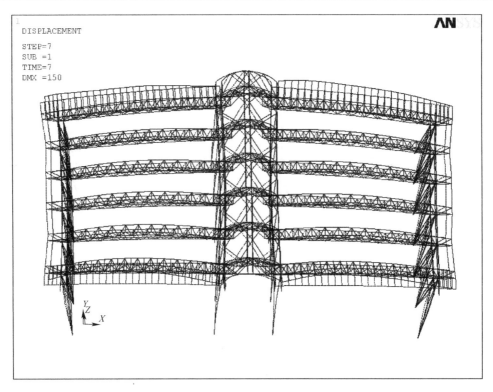

图 5.25　主楼屋盖 ANSYS 分析 High 区位移（工况 7）

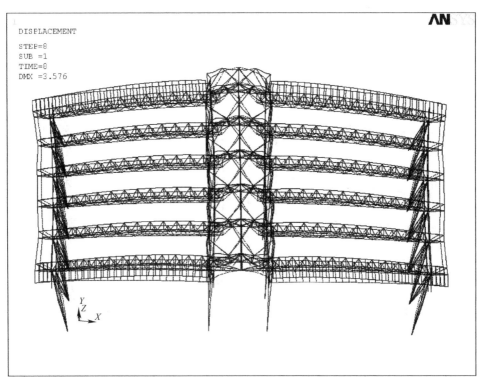

图 5.26　主楼屋盖 ANSYS 分析 High 区位移（工况 8）

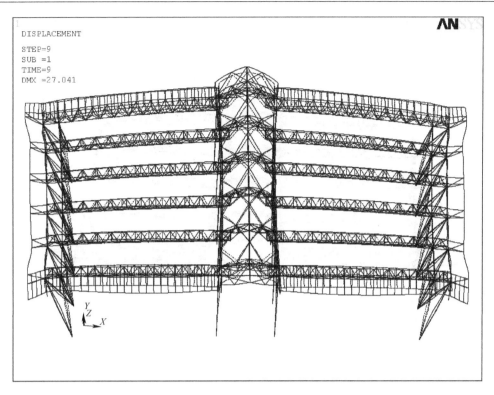

图 5.27 主楼屋盖 ANSYS 分析 High 区位移（工况 9）

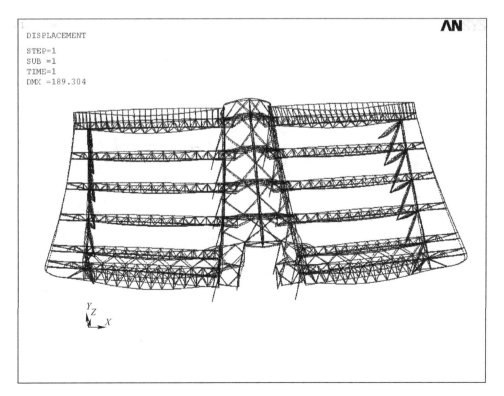

图 5.28 主楼屋盖 ANSYS 分析 Low 区位移（工况 1）

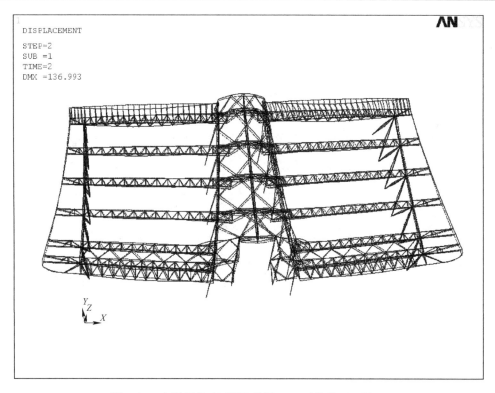

图 5.29　主楼屋盖 ANSYS 分析 Low 区位移（工况 2）

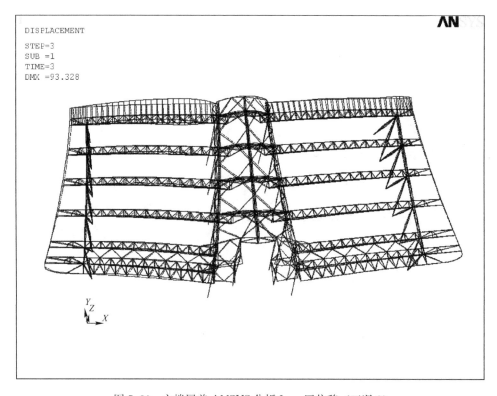

图 5.30　主楼屋盖 ANSYS 分析 Low 区位移（工况 3）

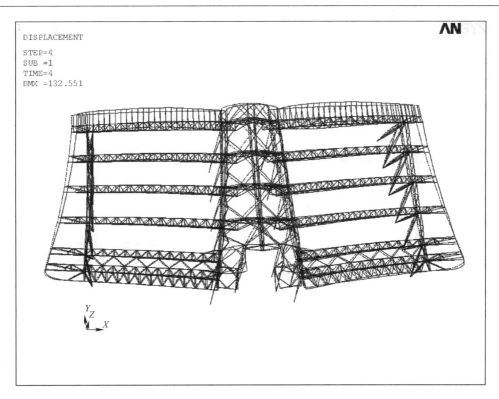

图 5.31 主楼屋盖 ANSYS 分析 Low 区位移（工况 4）

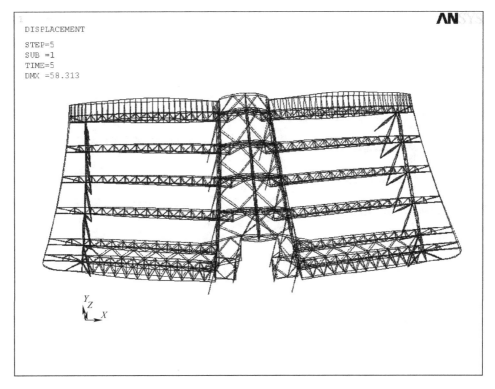

图 5.32 主楼屋盖 ANSYS 分析 Low 区位移（工况 5）

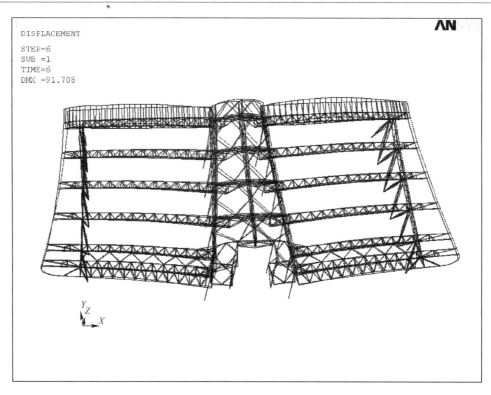

图 5.33　主楼屋盖 ANSYS 分析 Low 区位移（工况 6）

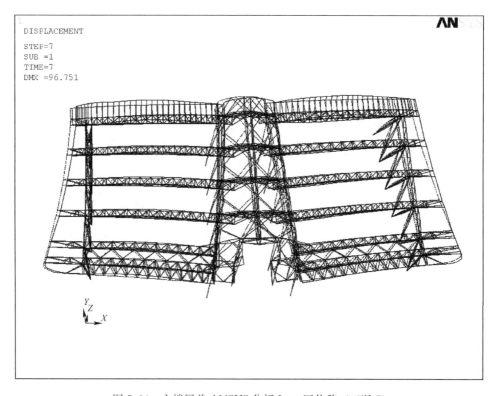

图 5.34　主楼屋盖 ANSYS 分析 Low 区位移（工况 7）

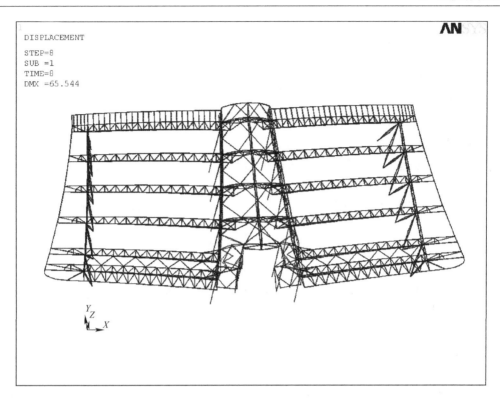

图 5.35　主楼屋盖 ANSYS 分析 Low 区位移（工况 8）

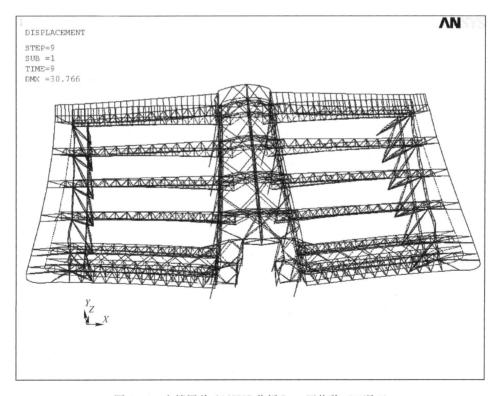

图 5.36　主楼屋盖 ANSYS 分析 Low 区位移（工况 9）

5.6.2 STAAD 分析

5.6.2.1 分析方法

1. 几何模型

几何模型见图 5.37 和图 5.38。梁和桁架采用三维线单元，板采用壳单元。人字形柱-变截面组合柱简化成一根杆件。

为了能方便地施加垂直于屋盖的法向风荷载，将屋面板视为一个薄板，弹模适当折减，板厚取为 $t_p = 0.1mm$。

几何模型模拟桁架偏心节点的偏心布置，偏心刚域采用刚性较大的圆管模拟（图 5.16）。

混凝土巨型柱采用分段的箱形截面等直杆近似模拟。

2. 单元类型

桁架弦杆、腹杆、钢梁、混凝土梁均采用 STAAD 梁单元。屋面板采用 STAAD 板/壳单元，可以是 3 节点或 4 节点。

3. 材料性质

钢材弹性模量，$E = 2.06 \times 10^5 N/mm^2$；泊松比 $\gamma = 0.3$；密度 $\rho = 7850kg/m^3$。

4. 支座与约束

桁架端部铰接于混凝土柱和人字形柱上，人字形柱与基础的连接方式为铰接。屋面板与桁架上弦节点的连接方式为铰接，屋盖中间膜结构在结构计算中用等效膜张力的方式模拟。

管桁架弦杆为连续构件，腹杆按两端铰接考虑，释放腹杆两端的弯矩约束。

5. 计算长度

立体桁架弦杆计算长度取 l，腹杆计算长度一般取 l，但在纵向桁架与立体桁架交汇处的腹杆计算长度取 $0.8l$（l 为构件的节点中心间距）。

6. 计算方法

采用 STAAD 软件，定义荷载工况和荷载组合。采用 STAAD 进行《钢结构设计规范》GBJ 17—1988 规范验算，压杆的计算长度系数 KY、KZ、稳定系数 SFY、SFZ 由手工输入。

5.6.2.2 分析结果

High 区屋盖结构在其本工况 1～9 的竖向位移 UZ 见图 5.39～图 5.47。竖向位移 UZ 在组合工况 38 最大，主桁架跨度 76.9m，跨中最大竖向位移为 $-152.83mm$，挠跨比为 $1/503<1/400$。风荷载作用下的 X 向水平位移 UX，在工况 3（0°方向风）最大，巨型柱的最大 X 向柱顶位移为 47.56mm，最大 X 向侧移角为 $1/1134<1/550$。

Low 区屋盖结构在其本工况 1～9 的竖向位移 UZ 见图 5.48～图 5.56。竖向位移 UZ 在组合工况 38 最大，主桁架跨度 76.9m，跨中最大竖向位移为 $-143.98mm$，挠跨比为 $1/534<1/400$。在风荷载作用下的 X 向水平位移 UX，在工况 3（0°方向风）最大，巨型柱的最大 X 向柱顶位移为 $-19.88m$，最大 X 向侧移角为 $1/2219<1/550$。

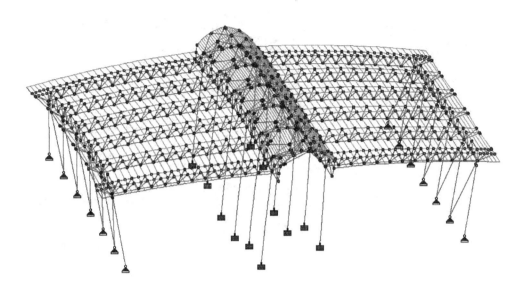

图 5.37 主楼屋盖 STAAD 分析模型（High）

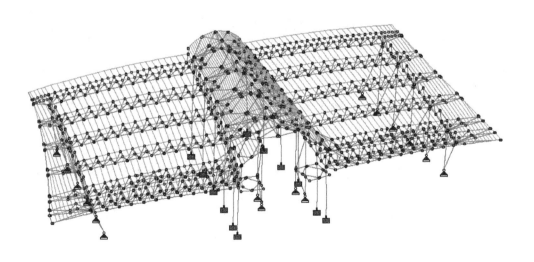

图 5.38 主楼屋盖 STAAD 分析模型（Low）

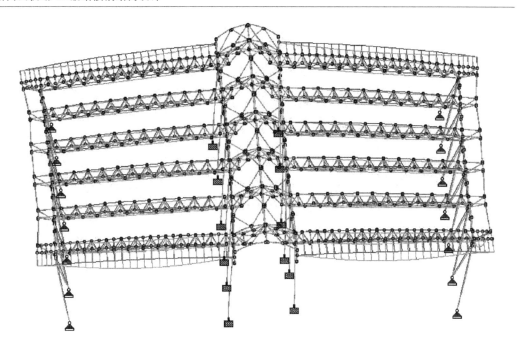

图 5.39　主楼屋盖 STAAD 分析 High 区位移（工况 1）

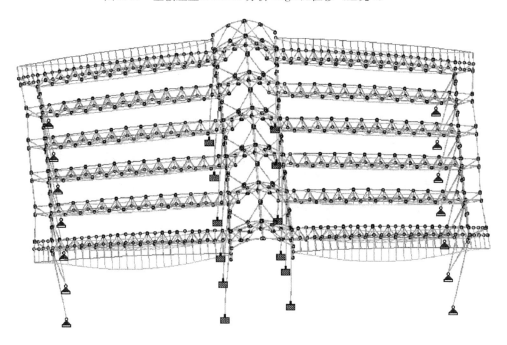

图 5.40　主楼屋盖 STAAD 分析 High 区位移（工况 2）

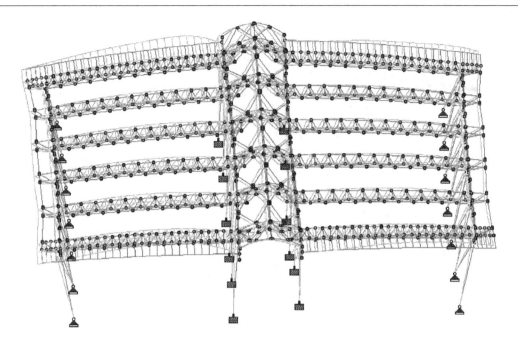

图 5.41　主楼屋盖 STAAD 分析 High 区位移（工况 3）

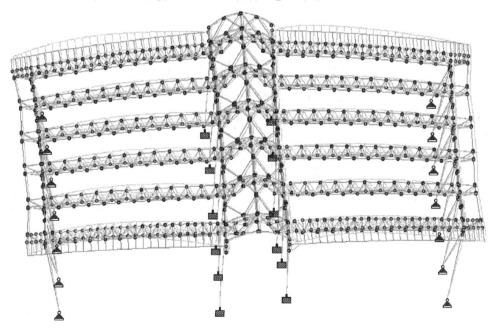

图 5.42　主楼屋盖 STAAD 分析 High 区位移（工况 4）

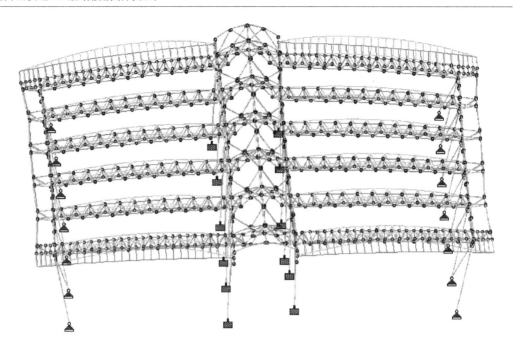

图 5.43　主楼屋盖 STAAD 分析 High 区位移（工况 5）

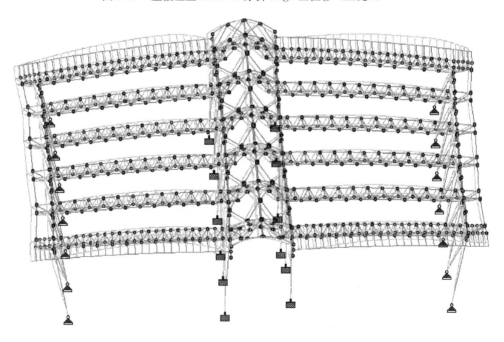

图 5.44　主楼屋盖 STAAD 分析 High 区位移（工况 6）

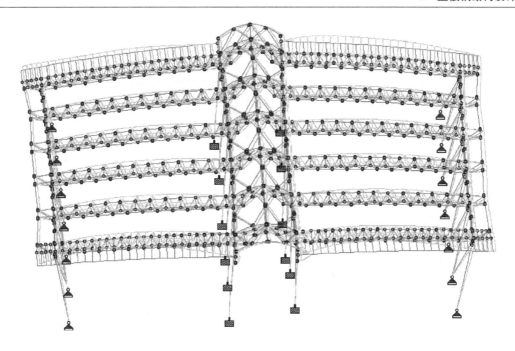

YZ
X

图 5.45　主楼屋盖 STAAD 分析 High 区位移（工况 7）

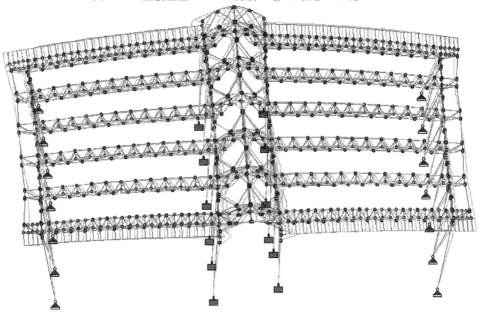

YZ
X

图 5.46　主楼屋盖 STAAD 分析 High 区位移（工况 8）

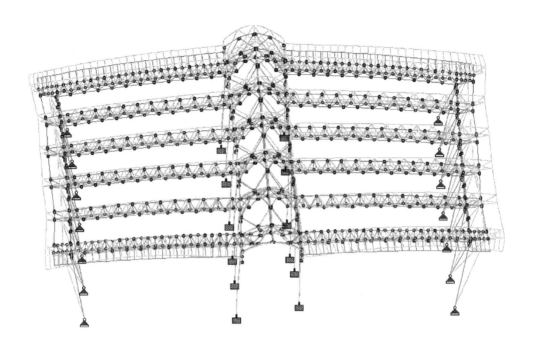

图 5.47　主楼屋盖 STAAD 分析 High 区位移（工况 9）

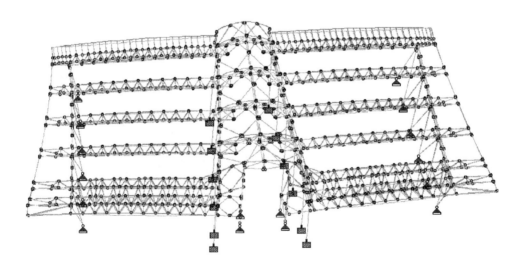

图 5.48　主楼屋盖 STAAD 分析 Low 区位移（工况 1）

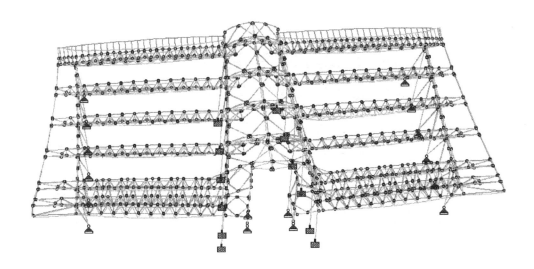

图 5.49   主楼屋盖 STAAD 分析 Low 区位移（工况 2）

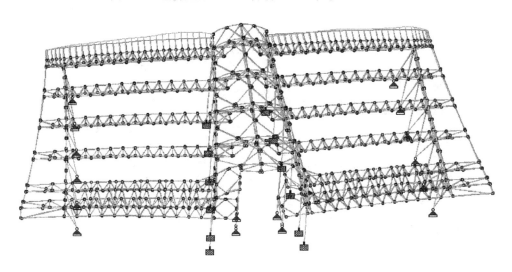

图 5.50   主楼屋盖 STAAD 分析 Low 区位移（工况 3）

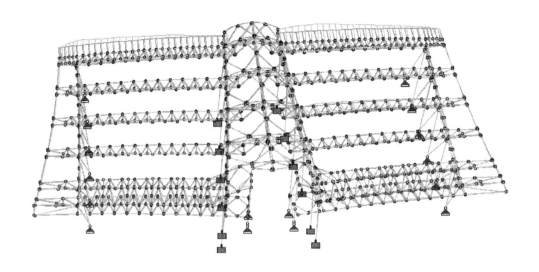

图 5.51　主楼屋盖 STAAD 分析 Low 区位移（工况 4）

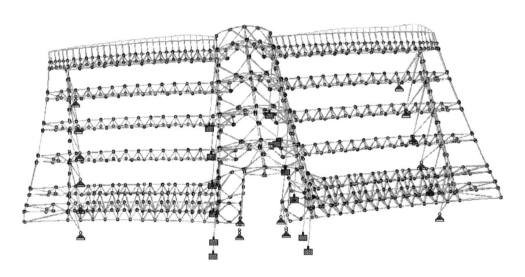

图 5.52　主楼屋盖 STAAD 分析 Low 区位移（工况 5）

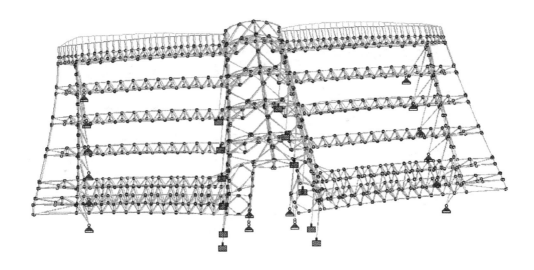

图 5.53 主楼屋盖 STAAD 分析 Low 区位移（工况 6）

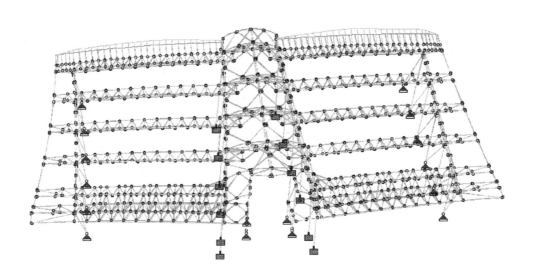

图 5.54 主楼屋盖 STAAD 分析 Low 区位移（工况 7）

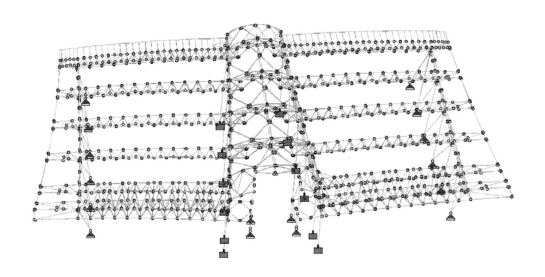

图 5.55　主楼屋盖 STAAD 分析 Low 区位移（工况 8）

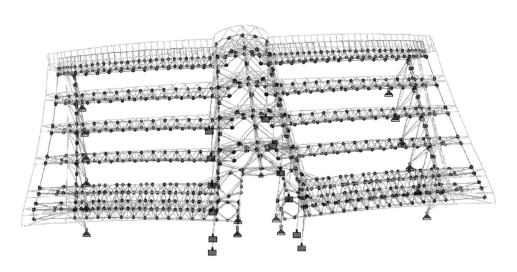

图 5.56　主楼屋盖 STAAD 分析 Low 区位移（工况 9）

5.6.3 分析结果比较

主要桁架杆件的承载能力极限状态验算结果示于表 5.3 和表 5.4。两个程序的应力比大体接近，受拉验算结果偏差稍为小一些。STAAD 计算的应力比一般比 ANSYS 大 10%～20%，局部相差较多，也有偏小的。主要原因：一方面是对桁架腹杆两端的计算假定不同，STAAD 计算时桁架腹杆按两端铰接计算，计算出来的轴力稍大；另一方面，规范验算存在一定的差异，STAAD 的规范验算结果稍为偏于保守。

各荷载组合工况下变截面空间组合钢管柱轴力详表 5.5、表 5.6。两个程序的最大轴力大体接近，STAAD 按简化人字形柱模型计算的最大轴力一般比 ANSYS 大 0～20%，局部相差较多，也有偏小的。

采用 ANSYS 计算的屋盖主桁架最大挠跨比为 1/520，STAAD 计算结果为 1/503，相差 3.4%。采用 ANSYS 计算的巨型柱的最大 X 向侧移角为 1/962，STAAD 计算结果为 1/1134，相差 15.2%。计算结果基本接近。两个程序对巨型柱的计算简化模型不相同，导致巨型柱侧移角计算结果相差稍大。

分析比较说明，采用 STAAD 进行规范验算可行，计算模型宜将桁架腹杆两端假定为铰接，规范验算时变截面空间组合钢管柱可近似假定为一根柱。变截面空间组合钢管柱的承载力需要由进一步的有限元分析和试验确定，其最大轴力应考虑 ANSYS 计算结果，取两者的包络进行设计。

5.7 不同规范验算比较

主楼屋盖施工图阶段的规范验算采用 STAAD 程序，荷载工况、计算分区和分析方法见 5.6 节。

5.7.1 中国规范

计算采用的荷载组合见表 5.7、表 5.8。基本荷载工况 9 种（第 1～9 号），荷载组合 27 种（第 10～36 号）。分别进行了承载能力极限状态与正常使用极限状态的荷载组合，荷载组合项次及组合系数分别详表 5.3 和表 5.4，表头括弧中的数字表示基本荷载工况的工况号。

主要桁架杆件承载能力极限状态验算结果见和表 5.3、表 5.4（或表 5.11、表 5.12），应力比均<1.0，满足规范的要求，多数在 0.5 左右。在正常使用极限状态下，主桁架最大挠跨比为 1/503<1/400，满足规范要求；巨型柱的最大 X 向侧移角为 1/1134<1/550，满足规范的要求。

5.7.2 美国 ASD 规范

计算采用的荷载组合见表 5.9，主要桁架杆件承载能力极限状态验算结果见表 5.4 表 5.11、表 5.12，应力比均<1.0，满足规范的要求。

表 5.3

主要桁架杆件承载能力极限状态验算（受压）

桁架号及验算位置	ANSYS杆件号	STAAD杆件号	圆管直径(mm)	壁厚(mm)	几何长度(mm)	长度系数	面积(mm²)	长细比(>18.486)	相对长细比(>0.215)	稳定系数(a类)	组合	ANSYS轴压力(kN)	ANSYS弯矩(kN·m)	ANSYS应力比R	STAAD轴压力(kN)	STAAD弯矩(kN·m)	STAAD应力比R
TT9 下弦跨中	12616	831	508	22	6350	1	33589.91	36.918	0.46676	0.9333	21	762.95	10.33	—	821.45	12.01	—
TT9 下弦跨中	12614	830	508	22	6350	1	33589.91	36.918	0.46676	0.9333	21	931.31	10.46	—	968.26	10.81	—
TT9 上弦跨中	11435	811	508	18	6350	1	27708.85	36.629	0.46311	0.9341	10	2850.0	93.42	0.462	2722.87	89.55	0.464
TT9 下弦悬挑	12984	2964	323.9	8	7602	1	7939.43	68.043	0.8864	0.7670	11	118.17		0.062	130.61		0.100
TT9 端部腹杆	12301	399	244.5	10	6635	1	7367.03	79.953	1.0415	0.6617	11	939.25		0.612	976.84		0.646
TT9 端部腹杆	10862	1765	244.5	7.1	5401	0.8	5295.28	51.460	0.6703	0.8736	11	232.74		0.160	179.77		0.129
TT9 端部腹杆	11659	26	244.5	12	6407	1	8765.04	77.843	1.0140	0.6813	10	1014.90		0.540	1047.73		0.567
TT9 圆拱支座	12921	1652	323.9	8	6817	1	7939.43	61.017	0.7948	0.8188	11	871.12		0.425	1029.97		0.557
TT7 上弦跨中	10998	1112	508	18	6350	1	27708.85	36.629	0.4631	0.9341	11	3155.40	118.79	0.527	3175.92	42.36	0.663
TT7 端部腹杆	12117	268	244.5	20	6407	1	14105.75	80.402	1.0165	0.6795	10	1297.40		0.451	1577.66		0.569
TT7 端部腹杆	12393	431	244.5	20	6407	1	14105.75	80.402	1.0165	0.6795	11	1323.60		0.460	1546.94		0.556
TT7 端部腹杆	10868	1775	244.5	7.1	5401	0.8	5295.28	51.460	0.67029	0.8736	11	336.28		0.231	323.20		0.249
TT7 端部腹杆	12363	421	244.5	14.2	6407	1	10273.82	78.538	1.02308	0.6748	11	897.67		0.411	1043.63		0.485
TT1 下弦悬挑	4469	766	323.9	16	11708	1	15477.00	106.094	1.3991	0.4333	10	359.70		0.170	315.68		0.129
TT1 下弦悬挑	4745	770	323.9	16	11207	1	15477.00	102.811	1.3393	0.4655	11	508.38		0.224	380.24		0.168
TT1 悬挑腹杆	4645	1707	244.5	7.1	8966	0.8	5295.28	85.420	1.1127	0.6109	11	307.37		0.302	338.95		0.348
TT1 端部腹杆	4458	193	244.5	7.1	5401	0.8	5295.28	51.460	0.6703	0.8736	11	152.46		0.105	87.10		0.065
TT1 悬挑腹杆	4644	1706	244.5	7.1	8966	0.8	5295.28	85.420	1.1127	0.6109	10	308.60		0.303	357.50		0.401
TT1 上弦中部	4692	7126	508	18	6350	1	27708.85	36.629	0.4631	0.9341	11、10	2194.90	79.62	0.364	2158.35	139.95	0.509

表 5.4

主要桁架杆件承载能力极限状态验算（受拉）

桁架号及验算位置	ANSYS 杆件号	STAAD 杆件号	圆管直径 (mm)	壁厚 (mm)	几何长度 (mm)	面积 (mm²)	组合	ANSYS 轴拉力 (kN)	ANSYS 弯矩 (kN·m)	ANSYS 应力比 R	STAAD 轴拉力 (kN)	STAAD 弯矩 (kN·m)	STAAD 应力比 R
TT9 下弦跨中	12616	831	508	22	6350	33589.91	10	5908.30	72.69	0.640	5875.46	37.02	0.562
TT9 下弦跨中	12614	830	508	22	6350	33589.91	10	5886.80	97.03	0.636	5669.20	102.78	0.580
TT9 下弦跨中	12598	814	508	20	6350	30661.94	10	5752.20	66.14	0.679	5698.20	104.14	0.584
TT9 下弦跨中	12800	1245	508	18	6350	27708.85	10	4130.0	62.89	0.552	4140.10	63.77	0.568
TT9 上弦外挑	11593	1306	508	18	7544.6	27708.85	11	99.35	55.75	—	154.89	65.59	—
TT9 跨中腹杆	11856	171	244.5	7.1	6597	5295.28	13	135.55		0.081	151.97		0.095
TT9 端部腹杆	11662	27	244.5	12	6559.9	8765.04	11	1060.30		0.384	1089.33		0.396
TT9 圆拱支座	10286	2719	244.5	10	5025	7367.03	11	1037.20	46.19	0.754	1167.55		0.495
TT7 下弦跨中	12711	1118	508	25	6349	37934.73	10	6004.90	107.87	0.599	6415.43	117.00	0.573
TT7 下弦跨中	12701	1105	508	22	6349	33589.91	10	5249.70	91.77	0.589	5574.17	101.37	0.528
TT7 下弦跨中	12679	1076	508	18	6349	27708.85	10	4292.80	68.47	0.577	4532.86	4532.86	0.515
TT7 支座腹杆	12417	439	244.5	10	6349	7367.03	11	853.39		0.368	1006.16		0.427
TT7 支座腹杆	11973	215	244.5	16	6349	11485.66	10	1352.40		0.374	1603.59		0.440
TT7 支座腹杆	12015	234	244.5	12	6349	8765.04	10	1113.20		0.403	1356.89		0.486
TT1 上弦悬挑	4729	7256	508	18	7900	27708.85	23	836.05	114.78	0.202	647.69	181.38	0.245
TT1 下弦中部	4704	7153	508	20	6349	30661.94	10	5208.80	74.67	0.626	5621.00	94.80	0.700

各荷载组合工况下变截面空间组合钢管柱轴力 (kN)

表 5.5

人字形柱编号	组合10 ANS	组合10 STA	组合11 ANS	组合11 STA	组合12 ANS	组合12 STA	组合13 ANS	组合13 STA	组合14 ANS	组合14 STA	组合15 ANS	组合15 STA	组合16 ANS	组合16 STA	组合17 ANS	组合17 STA	组合18 ANS	组合18 STA	组合19 ANS	组合19 STA	组合20 ANS	组合20 STA	组合21 ANS	组合21 STA	组合22 ANS	组合22 STA	组合23 ANS	组合23 STA
TT1(1)	-2913	-3285	-2774	-3192	-2541	-2860	-2402	-2768	-1345	-1493	-1415	-1539	-1276	-1447	-2463	-2802	-2324	-2708	-1250	-1420	-1320	-1466	-1181	-1373	-2709	-3036	-2569	-2943
TT2(1-2)	-269	-1218	619	-296	-405	-1277	483	-318	-170	-523	-613	-1002	275	-43	-653	-1367	235	-415	-463	-573	-906	-1049	-26	-97	-477	-1341	411	-389
TT2(2-3)	-1947	-1109	-2679	-1861	-1470	-699	-2202	-1448	-702	-443	-337	-68	-1068	-817	-1286	-417	-2017	-1168	-480	-76	-115	299	-845	-450	-1447	-690	-2179	-1441
TT3(3-4)	-803	-1606	-649	-1437	-754	-1392	-601	-1230	-446	-674	-522	-755	-369	-593	-783	-1433	-630	-1264	-480	-669	-557	-754	-403	-585	-783	-1483	-630	-1313
TT3(4-5)	-1953	-1289	-2154	-1469	-1497	-970	-1698	-1148	-552	-396	-452	-306	-653	-485	-1266	-716	-1468	-894	-281	-97	-181	-8	-382	-186	-1489	-901	-1691	-1081
TT4(5-6)	-709	-1224	-935	-1499	-609	-1057	-835	-1333	-429	-594	-316	-457	-542	-732	-578	-986	-804	-1254	-392	-568	-279	-434	-505	-702	-638	-1101	-864	-1376
TT4(6-7)	-1867	-1176	-1722	-1011	-1462	-909	-1316	-744	-491	-283	-563	-366	-418	-201	-1297	-694	-1151	-529	-296	-31	-369	-113	-223	52	-1472	-827	-1327	-662
TT5(7-8)	-557	-1092	-1124	-1690	-459	-924	-1025	-1522	-442	-617	-159	-318	-725	-916	-369	-852	-936	-1450	-337	-533	-56	-234	-620	-832	-478	-934	-1045	-1536
TT5(8-9)	-1797	-1312	-1350	-826	-1441	-1063	-994	-577	-443	-298	-666	-540	-220	-55	-1321	-861	-874	-375	-301	-60	-525	-303	-79	183	-1463	-953	-1015	-467
TT6(9-10)	-786	-983	-1607	-1828	-598	-776	-1419	-1616	-542	-604	-132	-184	-952	-1024	-458	-681	-1279	-1521	-377	-492	39	-72	-787	-912	-632	-819	-1453	-1664
TT6(10-11)	-1932	-1359	-1088	-511	-1615	-1107	-770	-257	-492	-240	-914	-665	-72	185	-1551	-991	-707	-141	-412	-103	-834	-528	21	322	-1631	-1097	-787	-249

人字形柱编号	组合24 ANS	组合24 STA	组合25 ANS	组合25 STA	组合26 ANS	组合26 STA	组合27 ANS	组合27 STA	组合28 ANS	组合28 STA	组合29 ANS	组合29 STA	组合30 ANS	组合30 STA	组合31 ANS	组合31 STA	组合32 ANS	组合32 STA	组合33 ANS	组合33 STA	组合34 ANS	组合34 STA	组合35 ANS	组合35 STA	组合36 ANS	组合36 STA	最大轴压力 ANS	最大轴压力 STA
TT1(1)	-1539	-1696	-1609	-1742	-1469	-1649	-2570	-3010	-2431	-2917	-1380	-1665	-1449	-1712	-1310	-1619	-2610	-2915	-2470	-2823	-1426	-1557	-1496	-1603	-1357	-1511	-2913	-3285
TT2(1-2)	-256	-542	-699	-1018	189	-66	-523	-1264	365	-312	-308	-452	-751	-928	137	24	-547	-1313	341	-361	-338	-510	-782	-986	107	-34	-906	-1367
TT2(2-3)	-670	-396	-304	-20	-1036	-771	-1596	-843	-2327	-1595	-850	-577	-484	-201	-1216	-952	-1436	-682	-2167	-1431	-661	-423	-296	-48	-1027	-798	-2679	-1861
TT3(3-4)	-480	-728	-557	-812	-403	-643	-716	-1443	-563	-1282	-401	-734	-477	-815	-324	-654	-800	-1477	-646	-1308	-499	-721	-576	-806	-422	-637	-803	-1606
TT3(4-5)	-543	-305	-442	-215	-644	-395	-1627	-1035	-1828	-1215	-705	-463	-604	-373	-805	-553	-1469	-915	-1670	-1093	-519	-331	-419	-242	-620	-420	-2154	-1469
TT4(5-6)	-463	-646	-350	-508	-576	-783	-594	-1119	-820	-1394	-411	-666	-299	-529	-524	-804	-618	-1022	-844	-1290	-439	-610	-326	-476	-552	-744	-935	-1499
TT4(6-7)	-503	-195	-576	-278	-431	-112	-1543	-931	-1397	-766	-585	-317	-658	-399	-513	-231	-1459	-814	-1313	-680	-486	-208	-559	-290	-414	-126	-1867	-1176
TT5(7-8)	-464	-644	-181	-343	-747	-945	-446	-941	-1012	-1543	-427	-652	-144	-351	-710	-953	-414	-903	-980	-1501	-389	-593	-107	-294	-672	-892	-1124	-1690
TT5(8-9)	-468	-210	-691	-454	-245	33	-1491	-1035	-1044	-548	-501	-309	-724	-552	-278	-65	-1445	-985	-998	-499	-447	-206	-670	-449	-224	37	-1797	-1312
TT6(9-10)	-586	-641	-175	-219	-996	-1063	-588	-809	-1409	-1653	-530	-628	-121	-206	-941	-1051	-515	-722	-1336	-1562	-444	-540	-38	-120	-855	-960	-1607	-1828
TT6(10-11)	-512	-229	-934	-653	-91	195	-1621	-1163	-777	-315	-494	-306	-916	-730	-74	118	-1628	-1068	-783	-218	-502	-194	-924	-619	-81	231	-1932	-1359

注:

1. 人字形柱编号 "TT1(1-2)" 表示该人字形柱位于 1~2 轴,柱顶支承主桁架 TT1。取 +X 轴侧和 -X 轴侧人字形柱的最大轴压力;
2. 轴力为整根组合柱的轴力;
3. ANS 表示 ANSYS 计算结果, STA 表示 STAAD 计算结果。

各荷载组合工况下人字形柱内力 (kN)

表 5.6

人字形柱编号	组合10 ANS	组合10 STA	组合11 ANS	组合11 STA	组合12 ANS	组合12 STA	组合13 ANS	组合13 STA	组合14 ANS	组合14 STA	组合15 ANS	组合15 STA	组合16 ANS	组合16 STA	组合17 ANS	组合17 STA	组合18 ANS	组合18 STA	组合19 ANS	组合19 STA	组合20 ANS	组合20 STA	组合21 ANS	组合21 STA	组合22 ANS	组合22 STA	组合23 ANS	组合23 STA	最大轴力 ANS	最大轴力 STA
TT7(12-13)	-1168	-1630	-903	-740	-1064	-1434	-804	-566	-519	-503	-649	-937	-390	-70	-1028	-1438	-769	-531	-477	-480	-607	-933	-347	-26	-997	-1418	-738	-542	-1168	-1630
TT7(13-14)	-1415	-908	-1606	-1688	-1043	-514	-1234	-1293	-436	-292	-341	98	-531	-682	-928	-479	-1119	-1258	-301	-251	-206	139	-396	-641	-1120	-644	-1310	-1419	-1606	-1688
TT8(14-15)	-1170	-1276	-1033	-854	-980	-1066	-843	-643	-440	-383	-508	-594	-371	-171	-950	-1040	-813	-618	-405	-352	-473	-563	-336	-141	-969	-1073	-832	-650	-1170	-1276
TT8(15-16)	-1052	-777	-1227	-1241	-794	-447	-969	-912	-369	-186	-281	47	-456	-418	-707	-433	-882	-897	-267	-168	-180	64	-355	-401	-834	-543	-1009	-1006	-1227	-1241
TT9(16-17)	-1181	-1190	-1136	-1072	-934	-924	-888	-807	-398	-355	-421	-414	-376	-297	-899	-888	-853	-754	-357	-301	-380	-367	-334	-234	-948	-953	-903	-835	-1181	-1190
TT9(17-18)	-1176	-979	-1246	-1106	-868	-638	-937	-798	-352	-209	-317	-129	-386	-289	-839	-646	-908	-773	-317	-198	-282	-134	-352	-261	-933	-717	-1003	-863	-1246	-1106
TT9(18-19)	-1176	-1063	-1213	-1218	-869	-757	-936	-913	-352	-314	-318	-236	-385	-391	-838	-703	-906	-874	-315	-257	-282	-172	-349	-343	-916	-804	-983	-960	-1243	-1218
TT9(19-20)	-1193	-1200	-1149	-1063	-942	-906	-899	-780	-401	-330	-423	-393	-380	-267	-904	-907	-861	-770	-357	-322	-379	-390	-335	-253	-947	-948	-904	-811	-1193	-1200
TT8(20-21)	-1080	-788	-1250	-1248	-814	-455	-995	-915	-375	-189	-285	41	-465	-418	-724	-411	-905	-885	-269	-150	-179	87	-360	-387	-834	-538	-1015	-997	-1260	-1248
TT8(21-22)	-1143	-1290	-1031	-835	-962	-1048	-821	-623	-436	-362	-507	-575	-365	-149	-934	-1068	-792	-613	-402	-367	-473	-595	-332	-140	-930	-1068	-789	-613	-1143	-1290
TT7(22-23)	-1383	-914	-1570	-1683	-1020	-503	-1207	-1280	-428	-271	-334	113	-521	-670	-910	-446	-1097	-1246	-298	-230	-205	170	-391	-631	-1072	-630	-1259	-1398	-1570	-1683
TT7(23-24)	-1175	-1623	-907	-725	-1070	-1414	-812	-547	-524	-486	-653	-919	-395	-52	-1035	-1432	-777	-534	-482	-481	-611	-930	-354	-32	-991	-1396	-733	-508	-1175	-1623

人字形柱编号	组合24 ANS	组合24 STA	组合25 ANS	组合25 STA	组合26 ANS	组合26 STA	组合27 ANS	组合27 STA	组合28 ANS	组合28 STA	组合29 ANS	组合29 STA	组合30 ANS	组合30 STA	组合31 ANS	组合31 STA	组合32 ANS	组合32 STA	组合33 ANS	组合33 STA	组合34 ANS	组合34 STA	组合35 ANS	组合35 STA	组合36 ANS	组合36 STA
TT7(12-13)	-441	-475	-571	-910	-311	-42	-1079	-1470	-820	-602	-537	-546	-667	-980	-407	-112	-1021	-1424	-762	-517	-469	-464	-598	-917	-339	-10
TT7(13-14)	-526	-437	-430	-50	-621	-825	-1079	-577	-1270	-1357	-478	-367	-383	23	-574	-757	-935	-487	-1126	-1267	-309	-261	-214	129	-404	-651
TT8(14-15)	-427	-392	-496	-603	-359	-180	-1004	-1098	-868	-675	-469	-420	-537	-632	-400	-209	-942	-1026	-805	-604	-395	-335	-463	-546	-327	-125
TT8(15-16)	-416	-294	-328	-63	-503	-526	-790	-482	-965	-946	-365	-225	-277	7	-452	-458	-708	-434	-883	-899	-268	-170	-181	63	-356	-402
TT9(16-17)	-416	-388	-438	-447	-393	-330	-962	-952	-916	-835	-431	-388	-454	-446	-409	-329	-885	-871	-840	-738	-341	-281	-364	-348	-318	-214
TT9(17-18)	-428	-286	-394	-218	-463	-366	-908	-670	-977	-830	-398	-247	-364	-167	-433	-327	-833	-639	-903	-765	-311	-189	-276	-126	-345	-252
TT9(18-19)	-407	-369	-373	-291	-440	-446	-910	-791	-977	-947	-399	-353	-366	-276	-433	-431	-819	-683	-886	-854	-293	-234	-260	-148	-327	-319
TT9(19-20)	-407	-370	-429	-439	-386	-302	-971	-934	-927	-808	-435	-363	-457	-426	-413	-300	-889	-887	-845	-750	-339	-299	-360	-367	-317	-230
TT8(20-21)	-398	-285	-308	-56	-489	-515	-785	-496	-966	-956	-341	-237	-251	-7	-431	-467	-713	-399	-894	-874	-257	-136	-167	101	-347	-374
TT8(21-22)	-398	-367	-469	-595	-328	-140	-979	-1075	-837	-650	-455	-393	-526	-606	-385	-181	-920	-1047	-778	-592	-386	-343	-457	-570	-315	-115
TT7(22-23)	-489	-420	-396	-36	-583	-804	-995	-553	-1182	-1322	-398	-331	-304	53	-492	-715	-965	-500	-1152	-1268	-363	-268	-269	116	-456	-652
TT7(23-24)	-431	-440	-560	-888	-302	-7	-1072	-1439	-814	-571	-527	-514	-656	-948	-398	-81	-1026	-1414	-768	-516	-472	-460	-601	-909	-343	-11

注：

1. 人字形柱编号 "TT1(1—2)" 表示该人字形柱位于 1~2 轴，柱顶支承主桁架 TT1，取 +X 轴侧和 −X 轴侧人字形柱的最大轴压力；
2. 轴力为整根组合柱的轴力；
3. ANS 表示 ANSYS 计算结果，STA 表示 STAAD 计算结果。

中国规范承载能力极限状态荷载组合 表 5.7

组合项次	永久荷载 (1)	可变荷载 (2)	风荷载 Wind0 (3)	风荷载 Wind180 (4)	风荷载 Wind90 (5)	风荷载 Wind45 (6)	风荷载 Wind135 (7)	膜拉力 Pull (8)	温度 Temp (9)
10	1.2	1.4						1.4	1.0
11	1.2	1.4						1.4	−1.0
12	1.2	1.19	1.19					1.19	1.0
13	1.2	1.19	1.19					1.19	−1.0
14	1.0		1.4					1.4	
15	1.0		1.4					1.4	1.0
16	1.0		1.4					1.4	−1.0
17	1.2	1.19		1.19				1.19	1.0
18	1.2	1.19		1.19				1.19	−1.0
19	1.0			1.4				1.4	
20	1.0			1.4				1.4	1.0
21	1.0			1.4				1.4	−1.0
22	1.2	1.19			1.19			1.19	1.0
23	1.2	1.19			1.19			1.19	−1.0
24	1.0				1.4			1.4	
25	1.0				1.4			1.4	1.0
26	1.0				1.4			1.4	−1.0
27	1.2	1.19				1.19		1.19	1.0
28	1.2	1.19				1.19		1.19	−1.0
29	1.0					1.4		1.4	
30	1.0					1.4		1.4	1.0
31	1.0					1.4		1.4	−1.0
32	1.2	1.19					1.19	1.19	1.0
33	1.2	1.19					1.19	1.19	−1.0
34	1.0						1.4	1.4	
35	1.0						1.4	1.4	1.0
36	1.0						1.4	1.4	−1.0

注:
1. 表中系数均另乘重要性系数=1.1;
2. 风荷载 Wind0 沿−X 轴方向,风荷载 Wind180 沿+X 轴方向,风荷载 Wind90 沿−Y 轴方向;
3. Temp 温度工况输入正温差。

中国规范正常使用极限状态荷载组合 表 5.8

组合项次	永久荷载(1)	可变荷载(2)	风荷载Wind0(3)	风荷载Wind180(4)	风荷载Wind90(5)	风荷载Wind45(6)	风荷载Wind135(7)	膜拉力Pull(8)	温度Temp(9)
37	1.0	1.0						1.0	1.0
38	1.0	1.0						1.0	−1.0
39	1.0	1.0	0.6					0.6	1.0
40	1.0	1.0	0.6					0.6	−1.0
41	1.0	0.6	1.0					0.6	1.0
42	1.0	0.6	1.0					0.6	−1.0
43	1.0	1.0		0.6				0.6	1.0
44	1.0	1.0		0.6				0.6	−1.0
45	1.0	0.6		1.0				0.6	1.0
46	1.0	0.6		1.0				0.6	−1.0
47	1.0	1.0			0.6			0.6	1.0
48	1.0	1.0			0.6			0.6	−1.0
49	1.0	0.6			1.0			0.6	1.0
50	1.0	0.6			1.0			0.6	−1.0
51	1.0	1.0				0.6		0.6	1.0
52	1.0	1.0				0.6		0.6	−1.0
53	1.0	0.6				1.0		0.6	1.0
54	1.0	0.6				1.0		0.6	−1.0
55	1.0	1.0					0.6	0.6	1.0
56	1.0	1.0					0.6	0.6	−1.0
57	1.0	0.6					1.0	0.6	1.0
58	1.0	0.6					1.0	0.6	−1.0
59	1.0		1.0					1.0	1.0
60	1.0		1.0					1.0	−1.0
61	1.0			1.0				1.0	1.0
62	1.0			1.0				1.0	−1.0
63	1.0				1.0			1.0	1.0
64	1.0				1.0			1.0	−1.0
65	1.0					1.0		1.0	1.0
66	1.0					1.0		1.0	−1.0
67	1.0						1.0	1.0	1.0
68	1.0						1.0	1.0	−1.0

注:
1. 风荷载 Wind0 沿−X 轴方向，风荷载 Wind180 沿＋X 轴方向，风荷载 Wind90 沿−Y 轴方向；
2. Temp 温度工况输入正温差。

				美国 ASD 规范荷载组合						表 5.9
组合项次	永久荷载 (1)	可变荷载 (2)	风荷载 Wind0 (3)	风荷载 Wind180 (4)	风荷载 Wind90 (5)	风荷载 Wind45 (6)	风荷载 Wind135 (7)	膜拉力 Pull (8)	温度 Temp (9)
69	1.0								
70	1.0	1.0						1.0	−1.0
71	1.0	1.0						1.0	1.0
72	1.0		1.0					1.0	
73	1.0			1.0				1.0	
74	1.0				1.0			1.0	
75	1.0					1.0		1.0	
76	1.0						1.0	1.0	
77	1.0	1.0	1.0					1.0	
78	1.0	1.0		1.0				1.0	
79	1.0	1.0			1.0			1.0	
80	1.0	1.0				1.0		1.0	
81	1.0	1.0					1.0	1.0	

注：
1. 风荷载 Wind0 沿 −X 轴方向，风荷载 Wind180 沿 +X 轴方向，风荷载 Wind90 沿 −Y 轴方向；
2. Temp 温度工况输入正温差。

5.7.3 美国 LRFD 规范

计算采用的荷载组合见表 5.10，主要桁架杆件承载能力极限状态验算结果见表 5.4、表 5.11、表 5.12，应力比均<1.0，满足规范的要求。

				美国 LRFD 规范荷载组合						表 5.10
组合项次	永久荷载 (1)	可变荷载 (2)	风荷载 Wind0 (3)	风荷载 Wind180 (4)	风荷载 Wind90 (5)	风荷载 Wind45 (6)	风荷载 Wind135 (7)	膜拉力 Pull (8)	温度 Temp (9)
82	1.4								
83	1.2	1.6						1.2	−1.2
84	1.2	0.5						1.2	1.2
85	1.2	0.5	1.3					1.2	
86	1.2	0.5		1.3				1.2	
87	1.2	0.5			1.3			1.2	
88	1.2	0.5				1.3		1.2	
89	1.2	0.5					1.3	1.2	
90	0.9		1.3					0.9	
91	0.9			1.3				0.9	
92	0.9				1.3			0.9	
93	0.9					1.3		0.9	
94	0.9						1.3	0.9	

注：
1. 风荷载 Wind0 沿 −X 轴方向，风荷载 Wind180 沿 +X 轴方向，风荷载 Wind90 沿 −Y 轴方向；
2. Temp 温度工况输入正温差。

5.7.4 验算结果比较

中国规范、美国 ASD 规范、美国 LRFD 规范的承载力验算结果见表 5.11、表 5.12。

受拉构件验算时，三个规范的验算结果比较接近，美国 ASD 规范和中国规范最为接近，且普遍稍偏大（一般 10％以内），美国 LRFD 规范比中国规范普遍偏小 10％左右。

受压构件验算时，三个规范的验算结果基本接近，个别构件偏差稍大，弦杆的验算结果偏差比腹杆大。美国 ASD 规范普遍比中国规范偏大 20％左右，美国 LRFD 规范相对中国规范的偏差普遍在－20％～＋10％之间。

主要桁架杆件承载能力极限状态规范验算比较（受压） 　　表 5.11

桁架号及验算位置	STAAD 杆件号	中国规范应力比 R	组合	美国 ASD 应力比 R	组合	美国 LRFD 应力比 R	组合
TT9 下弦跨中	831	—	21	—	71	—	84
TT9 下弦跨中	830	—	21	—	71	—	84
TT9 上弦跨中	811	0.464	10	0.437	71	0.390	84
TT9 下弦悬挑	2964	0.100	11	0.144	70	0.075	83
TT9 端部腹杆	399	0.646	11	0.726	70	0.688	83
TT9 端部腹杆	1765	0.129	11	0.156	70	0.074	83
TT9 端部腹杆	26	0.567	10	0.648	70	0.614	83
TT9 圆拱支座	1652	0.557	11	0.705	80	0.640	83
TT7 上弦跨中	1112	0.663	11	0.625	70	0.545	83
TT7 端部腹杆	268	0.569	10	0.620	71	0.582	84
TT7 端部腹杆	431	0.556	11	0.621	70	0.585	83
TT7 端部腹杆	1775	0.249	11	0.291	70	0.268	83
TT7 端部腹杆	421	0.485	11	0.572	70	0.540	83
TT1 下弦悬挑	766	0.129	10	0.232	71	0.131	84
TT1 下弦悬挑	770	0.168	11	0.219	78	0.134	84
TT1 悬挑腹杆	1707	0.348	11	0.566	70	0.509	83
TT1 端部腹杆	193	0.065	11	0.093	70	0.046	83
TT1 悬挑腹杆	1706	0.401	10	0.494	71	0.459	84
TT1 上弦中部	7126	0.509	10	0.535	81	0.454	84

主要桁架杆件承载能力极限状态验算（受拉） 　　表 5.12

桁架号及验算位置	STAAD 杆件号	中国规范应力比 R	组合	美国 ASD 应力比 R	组合	美国 LRFD 应力比 R	组合
TT9 下弦跨中	831	0.562	10	0.548	71	0.477	84
TT9 下弦跨中	830	0.580	10	0.584	71	0.510	84
TT9 下弦跨中	814	0.584	10	0.588	71	0.513	84
TT9 下弦跨中	1245	0.568	10	0.572	71	0.502	84

桁架号及 验算位置	STAAD 杆件号	中国规范 应力比 R	组合	美国 ASD 应力比 R	组合	美国 LRFD 应力比 R	组合
TT9 上弦外挑	1306	—	11	—	70	—	91
TT9 跨中腹杆	171	0.095	13	0.123	77	0.048	85
TT9 端部腹杆	27	0.396	11	0.436	70	0.388	83
TT9 圆拱支座	2719	0.495	11	0.542	70	0.482	83
TT7 下弦跨中	1118	0.573	10	0.562	71	0.483	84
TT7 下弦跨中	1105	0.528	10	0.518	71	0.446	84
TT7 下弦跨中	1076	0.515	10	0.522	71	0.451	84
TT7 支座腹杆	439	0.427	11	0.468	70	0.414	83
TT7 支座腹杆	215	0.440	10	0.486	71	0.429	84
TT7 支座腹杆	234	0.486	10	0.534	71	0.472	84
TT1 上弦悬挑	7256	0.245	23	0.263	81	0.162	83
TT1 下弦中部	7153	0.700	10	0.715	71	0.612	84

5.8 结构稳定性分析

5.8.1 分析模型

采用整体建模分析，每块箱形压型钢板的横截面近似视为宽 368mm、高 310mm、壁厚 1.9mm 的薄壁箱形，分布宽度为 461mm。箱形压型钢板计算模型简化为两端简支梁，简化梁间距大约为 3200mm，简化梁截面参数为 $A = 17920\text{mm}^2$，$I_y = 218.1 \times 10^6 \text{mm}^4$（绕水平轴），$I_z = 375.4 \times 10^6 \text{mm}^4$（绕竖轴），弹性模量取 $2.06 \times 10^5 \text{N/mm}^2$。

结构缝两侧悬臂屋面板采用内嵌 W12×16 轧制宽翼缘 H 型钢加强，加强后的压型钢板截面面积和惯性矩取压型钢板与 H 型钢之和，简化梁截面参数为 $A = 39020\text{mm}^2$，$I_y = 5.157 \times 10^8 \text{mm}^4$（绕水平轴），$I_z = 3.835 \times 10^8 \text{mm}^4$（绕竖轴）。

巨型柱参与建模，人字形柱不参与建模。人字形柱简化为沿 X 向滑动铰支座。

5.8.2 荷载

考虑以下荷载：

①自重。

②屋面恒载：金属屋面 0.6kN/m^2 ［含压型钢板（结构板）重量］，膜屋面 0。

③屋面活载：金属屋面 0.7kN/m^2，膜屋面 0.3kN/m^2。

竖向荷载标准组合为①＋②＋③。

5.8.3 特征值屈曲分析

分析程序采用 ANSYS，特征值屈曲分析施加的荷载为竖向荷载标准值。屈曲特征值也叫比例因子或载荷因子，表示当前载荷与竖向荷载标准值之比。特征值屈曲分析表明，前 4 阶屈曲模态均为采光带纵向次桁架弦杆失稳，载荷因子分别是 6.0647、6.1369、9.9557、10.721；第 5 阶屈曲模态为屋盖主桁架弯扭失稳（图 5.57），载荷因子是 10.721。

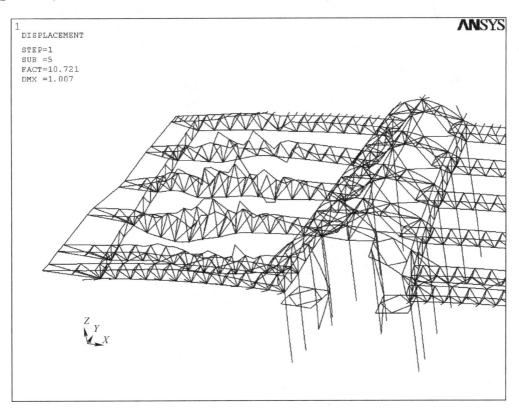

图 5.57　主楼屋盖屈曲模态（第 5 阶）

5.8.4　非线性屈曲分析

初始缺陷取最大位移（节点和位移）为 $L/300$，考虑几何非线性，分析程序采用 AN-SYS。

5.8.5　分析结果

TT4 单榀桁架有明显的几何非线性特性，上弦杆的侧移量与竖向位移量基本相同，侧移现象明显 [图 5.58（b）]。在 2.5 倍标准荷载下，曲线基本呈线性变化；在 1.3 倍标准荷载作用下，结构最大的竖向和水平挠度分别为 230mm 和 180mm；在 1.7 倍标准荷载下，上弦平面竖腹杆杆端应力局部达到屈服强度；在 2.6 倍标准荷载下，下弦杆拉应力达到屈服强度；在 6 倍标准荷载作用下，TT4 的变形如图 5.59（b）所示。稳定安全系数大于 5。

TT1～TT2 组合桁架的受力形式完全不同。荷载-位移曲线呈线性特征 [图 5.58（a）]，最大侧移量仅为 76mm，组合桁架没有出现失稳的迹象 [图 5.59（a）]，稳定安全系数大于 5，其最终破坏形式为杆件应力达到材料屈服强度而破坏。因此 TT1～TT2 将对 TT3～TT6 单榀桁架起到侧向支撑约束作用。

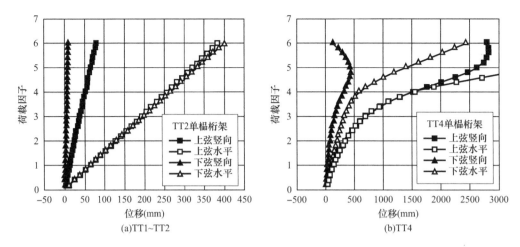

图 5.58　单榀桁架荷载-位移曲线

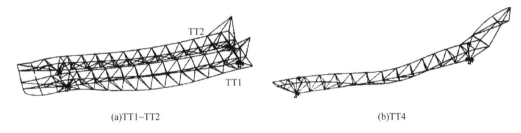

图 5.59　单榀桁架失稳破坏形式

分析屋盖边区段整体结构在 6 倍荷载下的变形。从整体上看，荷载-位移曲线并不呈现非线性特征［图 5.60（a）］，体现了屋面压型钢板的传力作用。在整体协同工作时，TT1-2 的侧移量稍大于其单榀工作状态，而 TT4 的侧移量急剧下降，只略大于 TT1～TT2 的侧移量，说明了压型钢板在屋面平面内轴压力作用下产生压缩。整体结构呈现强度破坏特征，没有出现失稳的迹象，稳定安全系数大于 5。

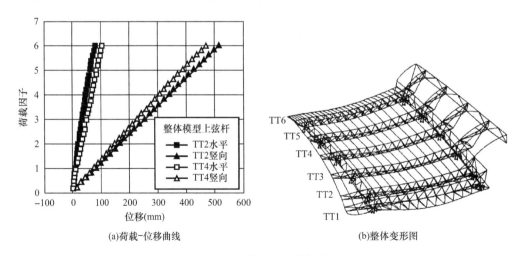

图 5.60　屋盖边区段分析结果

5.9 屋面结构设计

白云机场一期主楼屋面除条形采光窗部位外,采用超大跨度箱形压型钢板承重,箱形压型钢板技术细节详见第 13 章。

屋面结构体系采用无檩结构体系,屋面不设檩条,除采光带部位外,均采用超大跨度箱形压型钢板承受屋面的重量和传来的屋面荷载,并起到增强屋盖结构整体性和稳定性的作用(图 5.61)。箱形压型钢板作为金属屋面板的支承结构,金属屋面板通过衬檩和 T 码支承在箱形压型钢板上。箱形板的跨度方向均沿屋盖纵向,直接支承于主桁架上,跨度为14.2m,最大悬臂长度约 7m。

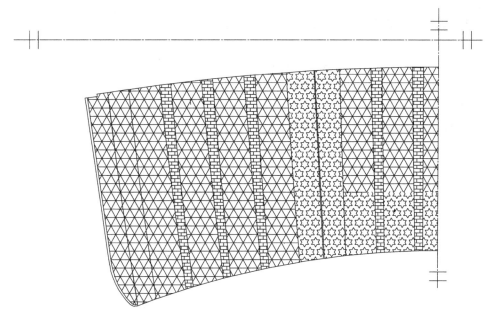

	表示B型压型钢板(壁厚1.2mm)布置范围		表示B型压型钢板(壁厚1.9mm)布置范围

| | 表示B1型压型钢板(壁厚1.52mm)布置范围 |

压型钢板用量统计:

型号	壁厚(mm)	用量(t)
B	1.2	249.606
	1.9	1792.411
B1	1.52	473.705
总用量(t)		2515.723

图 5.61　主楼屋面压型钢板布置平面图

箱形压型钢板采用《连续热镀锌钢板和钢带》GB 2518—1988 的连续热浸锌薄钢板,最小镀锌厚度为 $275g/m^2$,加工目的为 JG(结构用),表面质量为 Z 和二组(正常结晶速度),强度不小于 $240N/mm^2$。

箱形压型钢板(参见图 13.1)高度均为 312mm,壁厚有 1.2mm、1.52mm、1.9mm三种,根据风压大小和支承条件的不同而选用,其截面参数见表 5.13。

悬臂区的箱形压型钢板为加强型,内嵌 W12×16(美标)热轧 H 型钢,以增强压型钢板的强度和刚度。

白云机场一期箱形压型钢板截面参数			表 5.13
t (mm)	I_p (mm⁴/mm)	S_p (mm³/mm)	W_t (kg/m²)
1.2	42566	392	32.0
1.52	55927	321	40.5
1.9	73631	419	50.3

注：
1. t——镀锌前钢板厚度；I_p——正弯矩有效截面惯性矩；S_p——正弯矩有效截面抵抗矩；W_t——重量。
2. 已考虑压型钢板地面翼缘板穿吸声孔，穿孔率为 15%。

箱形压型钢板底面翼缘板穿吸声孔，孔径为 ϕ3mm，横向间距 10mm，纵向间距 8mm，纵横向交错设置。

5.10 钢结构设计经济指标

主楼主体钢结构型钢平均用钢量为 135kg/m²（按屋盖水平投影面积计算）。

主楼屋面箱形压型钢板（结构板）总用钢量 2516t，压型钢板平均用钢量为 45kg/m²（按总覆盖面积计算）。

主楼屋面为无檩条设计，檩条用量为 0。

连接楼钢结构设计

6.1 一期连接楼

6.1.1 混凝土结构楼盖

下部混凝土结构楼盖（图 6.1）采用框架结构，楼盖采用连续单向板肋梁楼盖。支承楼盖梁板的柱网大致为 18m×18m，次梁跨度大致为 18m，间距为 2.5～3m。次梁沿结构单元长向布置，利用次梁及框架梁的预应力筋抵抗超长混凝土的伸缩应力，楼板为钢筋混凝土板。框架梁采用后张有粘结预应力混凝土结构，次梁采用后张无粘结预应力混凝土结构。

采用两条结构缝将结构分为三段，采用双柱法设置结构缝，结构缝一侧柱子伸上顶层作为屋盖的支承柱，混凝土结构分缝不与屋面和屋盖分缝对齐。

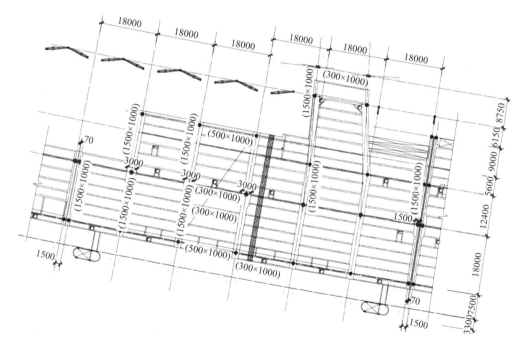

图 6.1　连接楼（一期东，3 层局部）楼盖结构平面图

东连接楼首层梁板顶面结构标高为−0.500，2 层梁板顶面结构标高为 3.500，3 层梁板顶面结构标高为 8.000。西连接楼首层梁板顶面结构标高为−1.700，2 层梁板顶面结构标高为 2.300，3 层梁板顶面结构标高为 6.800。

顶层一列中柱直接伸至屋盖主桁架底，参与钢屋盖的支承。

6.1.2　人字形柱

一期连接楼屋盖陆侧的支承结构是一列人字形柱（图 6.2），每列人字形柱由 46 根长度相同（除端部的 2 根外）的变截面空间组合钢管柱组成，总计使用组合钢柱 92 根。人字形柱的柱顶标高均为 12.218m（除 2 组外），与主楼人字形柱子不同的是，人字形柱由外向里倾斜。

支管均采用 Φ168×12 圆钢管，钢牌号为 S355J2H，支管排列成等腰三角形，最大腰长 1006mm，最大底边 900mm。隔板厚度为 20mm，钢牌号为 A572-G50，隔板间距为 2000mm。

组合柱 $FL=15225$mm，$H=12263$mm，$L=15416$mm。

人字形柱侧视图倾角 $\beta=-35.6°$（向内倾斜），正视图倾角 $\alpha=53.84°$，属于倾角较小的情形。人字柱传给支座的力有较大的水平分量，因此对支座的水平向做了加强。

人字形柱也是钢屋盖支承结构之一。关于人字形柱和变截面空间组合钢管柱，详细论述见第 12 章。

6.1.3　钢屋盖结构平面

连接楼屋盖平面投影呈扇环形状（图 6.2）。主桁架采用三角形立体圆管桁架，桁架间距约为 18m，沿径向布置。纵向设置了五道次桁架，次桁架的间距为 10～15m，次桁架的高度为 1～2.9m。

老虎窗的设置削弱了屋盖结构的整体性，采用穿过老虎窗的纵向立体次桁架，对削弱部位进行了加强，增强屋盖的整体稳定性。

为保证主桁架的稳定，在屋架的每个受力单元的两个端开间均设置了满跨布置的 1m 高的交叉桁架以作为屋盖支撑系统。

6.1.4　钢屋盖主桁架

连接楼的主桁架是由圆钢管相贯焊接而成的双跨倒三角形立体桁架（图 6.3），两根上弦杆之间的距离保持为等距离，侧面斜腹杆与弦杆的连接采用有偏心带间隙的 K 形连接节点，腹杆之间无搭接，以避免出现无法焊接的隐藏焊缝。

主桁架的每段弦杆采用大功率数控型钢弯曲机冷弯成形，然后在现场用带衬板的全熔透焊缝进行拼接。弦杆分段变厚度，壁厚为 12～16mm。

主桁架的空侧端由弦杆弯曲后直接支承在基础上，每根主桁架的陆侧端支承在一对人字形柱上，主桁架的跨中座通过球铰支座支承在一条直径为 1.2m 的钢筋混凝土圆柱上。人字形柱的上下铰支座均采用圆柱形销轴铰支座，上下铰的销轴轴线相互平行，容许人字形柱在桁架平面内自由摆转，但又保证人字形柱在桁架平面外的稳定。

6.1.5　钢结构规范验算

规范验算采用 STAAD 程序，荷载工况和荷载组合参照 5.7 节。

钢结构与混凝土结构整体建模，采用单榀主桁架模型（图 6.4），模型宽度为主桁架间

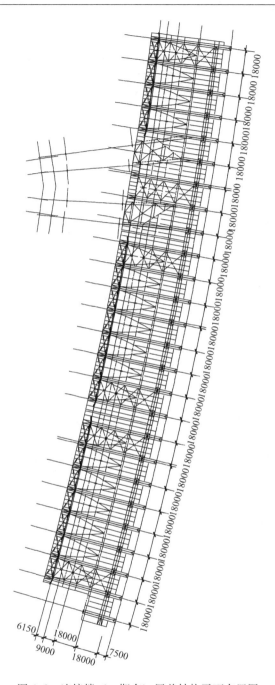

图 6.2　连接楼（一期东）屋盖结构平面布置图

距，坐标轴 Z 向为铅锤方向，Y 向沿平面的径向/主桁架方向，X 向沿平面的环向。模型切断部位的杆件端部的 Y 向和 Z 向平动自由度被释放。

所有杆件均采用 Beam 单元，桁架腹杆与弦杆的连接假定为铰接，腹杆杆端弯矩被释放。使用刚度较大的连杆考虑偏心相贯节点的影响，详见图 5.16。变截面空间组合钢管柱近似用一根轴向刚度等效的等直圆管模拟，柱两端假定为固定铰接。圆弧形的杆件用分段的直线杆件模拟。

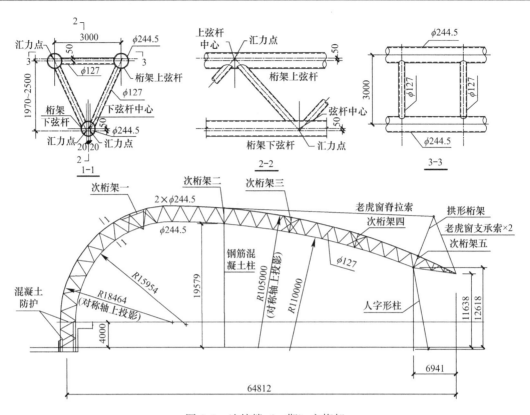

图 6.3　连接楼（一期）主桁架

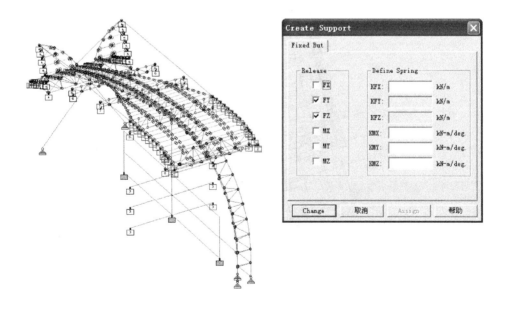

图 6.4　连接楼（一期）计算模型

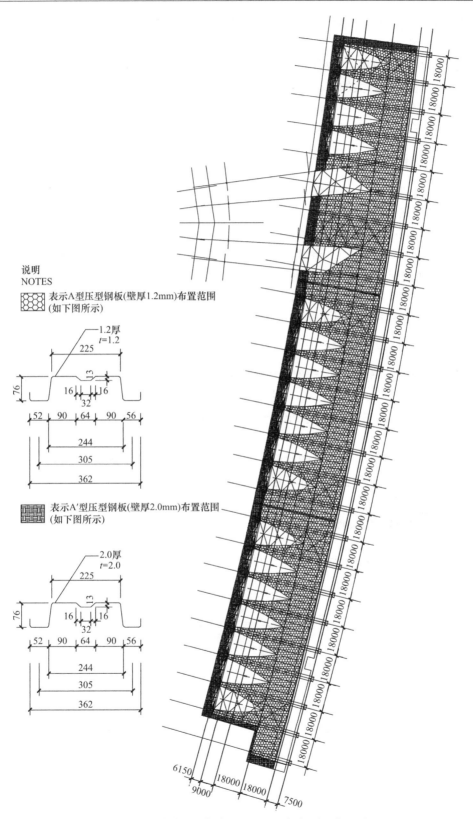

图 6.5 连接楼（一期东）屋面压型钢板平面布置图

膜结构天窗的索参与结构整体计算，近似按两端铰接的直梁考虑，索被赋予 MEM-BER TENSION（只受拉）属性。膜不参与结构整体建模，膜反力作为外力施加到主体结构上，膜反力由单独的膜结构分析得到。整体结构计算时，膜结构反力对主体结构的偏心作用，通过设置刚度较大的连杆考虑。

幕墙构件不参与主体结构计算，陆侧垂直玻璃幕墙及空侧弧形玻璃幕墙传给屋盖荷载均以集中力的形式作用在屋盖节点上。

6.1.6 屋面结构设计

白云机场一期连接楼屋面除采光天窗（老虎窗）和空侧圆弧形落地玻璃幕墙部位外，均采用单层压型钢板承重图 6.5。

屋面结构体系采用有檩结构体系，结构板之一是波高为 76mm 的单层高波压型钢板，壁板厚度采用 1.2mm 和 2.0mm 两种，较厚的壁板用于陆侧挑檐。采用有檩结构体系，檩条采用热轧 H 型钢。檩条跨度沿建筑平面的径向，檩条顶面与主桁架弦杆顶面平齐，屋面檩条间距约 4m，陆侧挑檐檩条间距约 3m，压型钢板沿建筑平面的环向。

屋面压型钢板用作金属屋面板的支承结构，金属屋面板通过衬檩和 T 码支承在结构板上。

6.1.7 钢结构设计经济指标

一期工程东、西连接楼主体钢结构型钢（含屋面压型钢板檩条）总用量为 7422t，其中圆管 3228t，方（矩）形管 1677t，热轧 H 型钢、剖分 T 型钢及角钢 1200t，钢板（包括焊接 H 型钢）1180t，圆钢及实心圆锻钢 137t。平均用钢量为 137kg/m²（按屋盖水平投影面积计算）。

一期工程东、西连接楼合计的屋面压型钢板（结构板）总用钢量 848t，压型钢板平均用钢量为 20kg/m²（按覆盖面积计算）。

6.2 一期扩建连接楼

一期扩建连接楼结构设计见效果图（图 6.6）。

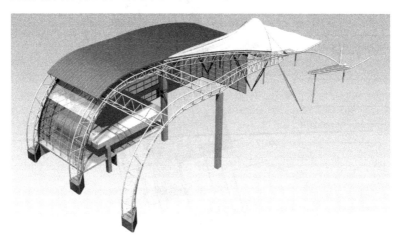

图 6.6 连接楼（一期扩建）结构效果图

6.2.1 混凝土结构楼盖

下部混凝土结构楼盖（图 6.7）采用框架结构，楼盖采用连续单向板肋梁楼盖。支承楼盖梁板的主要柱网大致为 18m×18m，部分柱距为 9～15m，次梁跨度大致为 18m，间距为 2.5～3m。次梁沿结构单元长向布置，利用次梁及框架梁的预应力筋抵抗超长混凝土的伸缩应力，楼板为钢筋混凝土板。框架梁采用后张有粘结预应力混凝土结构，次梁采用后张无粘结预应力混凝土结构。

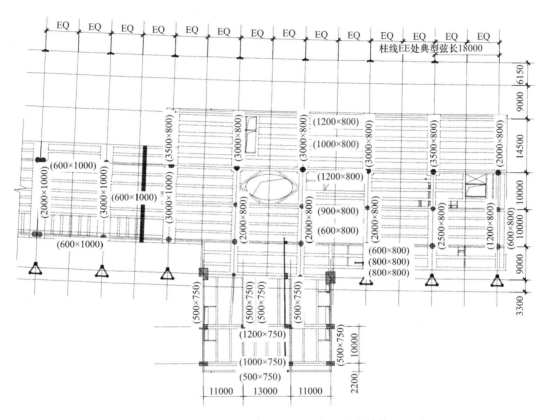

图 6.7　连接楼（一期扩建东，3 层局部）楼盖结构平面图

采用三条结构缝将结构分为四段，采用双柱法设置结构缝。与一期工程不同的是，结构缝两侧柱子均伸上顶层作为屋盖的支承柱，混凝土结构分缝与屋面和屋盖分缝对齐。

首层梁板顶面结构标高为 −0.550，2 层梁板顶面结构标高为 3.450，3 层梁板顶面结构标高为 7.850。西连接楼首层梁板顶面结构标高为 −1.750，2 层梁板顶面结构标高为 2.250，3 层梁板顶面结构标高为 6.650。

与一期工程相同，顶层一列中柱也直接伸至屋盖主桁架底，参与钢屋盖的支承。

6.2.2　人字形柱

一期扩建连接楼屋盖陆侧的支承结构是一列人字形柱（图 6.8），每列人字形柱由 40

根长度相同（除端部的 2 根外）的变截面空间组合钢管柱组成，总计使用组合钢柱 80 根。人字形柱的柱顶标高均为 12.151m。

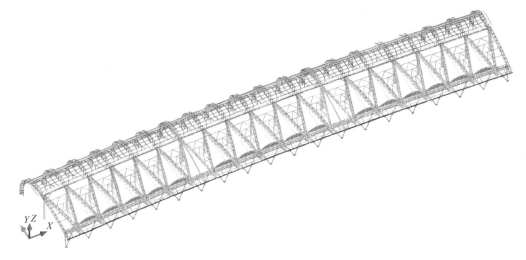

图 6.8　白云机场一期扩建连接楼三维轴测图

支管均采用 Φ245×30 圆钢管，钢牌号为 Q345B，支管排列成等边三角形，最大边长 800mm。隔板厚度为 30mm，钢牌号为 Q345B，隔板间距为 2000mm。相比一期连接楼，组合柱最大边长减小了 100mm，使柱显得更为修长美观，但对支管和隔板进行了加强。

组合柱 FL=14559mm，H=12551mm，L=14712mm。

人字形柱侧视图倾角 β=-9.56°（向内倾斜），正视图倾角 α=59.55°，属于倾角较小的情形。人字柱传给支座的力有较大的水平分量，因此对支座的水平向做了加强，上下支座采用了大抗推力的铸钢整体支座。

组合柱端部做了改进，采用了铸钢整体节点，避免了小夹角相贯钢管的焊缝质量问题。

关于人字形柱和变截面空间组合钢管柱，详细论述见第 12 章。

6.2.3　钢屋盖结构平面

屋盖平面投影呈扇环状（图 6.9），采用圆管立体桁架结构体系。

之字形管桁架结构体系，是由主桁架与屋盖支撑系统相结合而形成的（图 6.9）。它由 Y 形分叉主桁架组成，主桁架在陆侧一跨分叉成两个较小的三角形分叉桁架，沿纵向形成"之"字形平面布置，作为屋盖支撑体系。分叉桁架兼作老虎窗（膜结构采光天窗）的边桁架，使屋盖在老虎窗开口处的平面刚度得以增强。屋盖的纵向设置了三道纵向桁架，一道位于 EB（WB）轴附近，一道位于 EC（WC）轴，一道位于 EF（WF）轴附近。老虎窗的膜结构预应力对屋盖钢结构产生较大的水平拉力，为了抵抗拉力，为膜结构张拉提供较刚性的边界条件，在老虎窗间屋盖设置了使用圆钢管的二级水平支撑，以增大局部水平刚度。

之字形管桁架结构体系的采用，省去了一期工程连接楼屋盖的水平支撑桁架和纵向联系桁架（图 6.2），既提高了屋盖结构的稳定性和整体性，又不影响建筑外观。

屋盖钢结构沿环向设有两条结构缝将屋盖结构及金属屋面结构分为三个单元。温度缝处 EA（WA）～EC（WC）轴部分采用双柱双桁架处理，EC（WC）～EG（WG）轴部

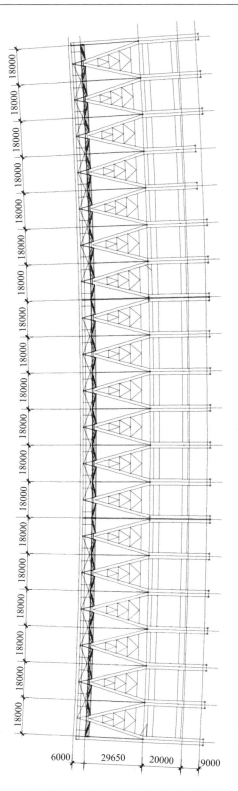

图 6.9 连接楼（一期扩建东）屋盖结构平面布置图

分采用悬臂处理。设置结构缝后，温度作用减小、焊接次内力减小，有利于支座、连接件、金属屋面的受力。

6.2.4　钢结构主桁架

主桁架为倒三角形截面相贯焊接圆管立体桁架（图 6.10），共 20 道（变形缝处为两道宽度减半的桁架，按 1 道计算），沿径向设置，间距大致 18m。

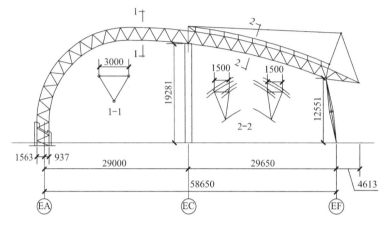

图 6.10　连接楼主桁架

连接楼主桁架为双跨连续桁架。空侧跨（图 6.10 中 EA～EC 轴）跨度 29m，桁架截面宽 3m，高 2.5m，弦杆截面尺寸为 Φ245×12～22mm，腹杆为 Φ102～168×5～12mm，两根上弦杆之间的距离保持为等距离；陆侧跨（图 6.10 中 EC～EF 轴）跨度 29.65m，桁架对半分为两根分叉桁架。

每榀主桁架有三处支承：

1）在 EF（WF）轴处（陆侧）沿纵向设置了一排人字形变截面空间组合钢管柱，人字形柱的上下铰支座均采用圆柱形销轴铰支座，上下铰的销轴轴线相互平行，容许人字形柱在桁架平面内自由摆转，但又保证人字形柱在桁架平面外的稳定；

2）在 EC（WC）轴处沿纵向设置了一排直径为 1.4m 的钢筋混凝土圆柱，桁架通过球铰支座支承在柱上；

3）在 EA（WA）轴处（空侧）为主桁架的落地支承端，主桁架弦杆经弯曲后直接支承在基础上（在指廊入口处支承在钢筋混凝土转换梁上）。

主桁架的弦杆为分段圆弧，采用冷弯成形，弦杆分段变厚度。侧面斜腹杆与弦杆的连接采用有偏心带间隙的 K 形连接节点，腹杆之间无搭接。个别节点难以设计成有间隙型，则加相贯板或采用铸钢节点。

6.2.5　膜结构采光天窗

支承膜结构采光天窗（老虎窗）的钢骨架（如图 6.11）是由一榀拱形平面桁架（a）和两条弯曲的边桁架（b）组成。

拱形桁架的上边框采用两段 Φ324 圆管对称拼接而成，下边为起支承作用的纵向次桁架（c），为了稳定拱形桁架，采用两根稳定拉索（d）和一组脊索（e）对桁架的顶点进行固定，脊索兼支承老虎窗膜结构，稳定索为Φ45（尺寸不包括护套）双层 PE 护套半平行钢丝索；拱形桁架的腹杆为纵横分格设置的矩形管，腹杆兼作玻璃幕墙的分格边框。

采光天窗边桁架的做法不同于一期工程，原设计是单根的空间曲线矩形钢管边梁，现改成了三角形截面立体边桁架，其弦杆是平面二次曲线，方便了加工。

膜结构采光天窗的三条拉索参与整体受力，不仅承受膜结构的张力和传来的活载和风荷载，而且还要承受与主体结构之间变形协调产生的内力。

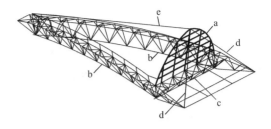

图 6.11 连接楼膜结构采光天窗
a—平面桁架；b—边桁架；c—纵向次桁架；
d—稳定拉索；e—脊索

6.2.6 钢结构规范验算

连接楼整体计算采用 STAAD 软件，整体建模（包括混凝土结构），分别在分缝处分开三个独立模型计算分析。

节点处使用刚度较大的连杆考虑偏心相贯节点的影响。

膜结构天窗的索参与结构整体计算，膜不参与结构整体建模，膜反力作为外力施加到主体结构上，膜反力由独立的索膜计算分析得到。计算时增加刚度较大的连杆考虑膜结构反力对主体结构的偏心作用。

6.2.7 屋面结构设计

白云机场一期扩建连接楼屋面除采光天窗（老虎窗）和陆侧圆弧形落地玻璃幕墙部位外，均采用压型钢板承重（图 6.13），部分为单层压型钢板，部分为超大跨度箱形压型钢板。（箱形压型钢板技术细节详见第 13 章）

屋面结构体系采用有檩结构体系，结构板之一是波高为 76mm 的单层高波压型钢板，壁板厚度采用 1.2mm 和 2.0mm 两种，较厚的壁板用于陆侧挑檐。檩条采用轻型工字钢和轻型 H 型钢。空侧屋面的檩条跨度沿建筑平面的环向，檩条两端支承在主桁架弦杆的上方（图 6.12），檩条间距约 3m，压型钢板板跨沿建筑平面的径向；陆侧挑檐的檩条沿建筑平面的径向布置，檩条间距约 3m，压型钢板沿建筑平面的环向布置。（注：图 6.13 未绘出檩条布置）

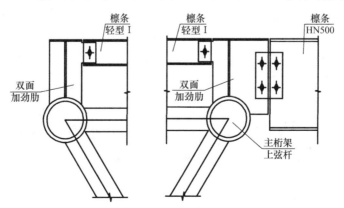

图 6.12 连接楼（一期扩建）檩条支座大样

113

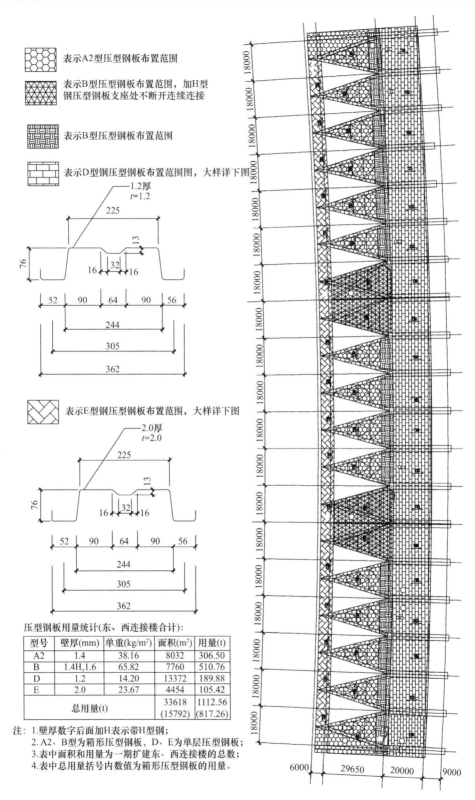

图 6.13　连接楼（一期扩建东）屋面压型钢板布置平面图
注：图上未绘出檩条布置。

另一种结构板是箱形压型钢板，它布置在陆侧的膜结构采光天窗（老虎窗）之间部位，板跨沿建筑平面的环向，支承于之字形主桁架之上，最大跨度 15.2m，最大悬挑长度约 7.5m。这些部位没有吊顶，因此适合于采用箱形压型钢板。

高波单层压型钢板和箱形压型钢板作为金属屋面板的支承结构，金属屋面板通过衬檩和 T 码支承在结构板上。

相比一期工程，由于板跨的增大，箱形压型钢板壁板性能等级提高到 350 级，箱形压型钢板高度均增大到 380mm。一期扩建工程的箱形板壁厚有 1.2mm、1.4mm、1.6mm 三种，连接楼使用 1.4mm 和 1.6mm 两种厚度，根据风压大小和支承条件的不同而选用。箱形压型钢板底面翼缘板穿吸声孔，孔径为 Φ3mm，横向间距 10mm，纵向间距 8mm，纵横向交错设置。悬臂区的箱形压型钢板为加强型，内嵌 H375×150×6×8 焊接 H 型钢，以增强压型钢板的强度和刚度。

在结构分缝部位，箱形压型钢板呈三角形悬臂布置，受力较为复杂。起平衡作用的内跨呈反向三角形布置，悬臂长度最长的压型钢板，其内跨跨度反而最小。为了解决受力问题，采用了内嵌 H 型钢暗骨架方案：每隔两个箱形板单元设置一根内嵌的 H 型钢梁，钢梁在悬臂支座处连续，在悬臂的端部设置一根通长 H 型钢。借助内嵌 H 型钢梁与通长边梁的整体作用，满足受力要求。计算模型如图 6.14。

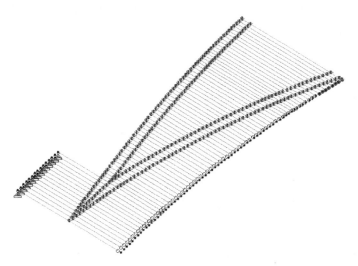

图 6.14 白云机场一期扩建连接楼屋盖分缝处箱形压型钢板计算简图

6.2.8 钢结构设计经济指标

一期扩建工程东、西连接楼主体钢结构型钢（含屋面压型钢板檩条和检修通道）总用量为 5209t，平均用钢量为 116kg/m²（按屋盖水平投影面积计算），比一期工程少 15%（20kg/m²）。

一期扩建工程东、西连接楼合计的压型钢板（结构板）总用钢量为 926t；其中，屋面压型钢板平均用钢量为 28kg/m²（按覆盖面积计算），比一期工程多 8kg/m²，主要是因为部分屋面采用箱形压型钢板的缘故。

7 指廊钢结构设计

7.1 一期指廊

7.1.1 混凝土结构楼盖

下部混凝土结构楼盖（图 7.1）采用框架结构，楼盖采用连续单向板肋梁楼盖。一、二指廊支承楼盖梁板的柱网为 10m×12m，次梁跨度为 12m，间距为 2.5～3.8m。次梁沿结构单元长向布置，利用次梁及框架梁的预应力筋抵抗超长混凝土的收缩应力，楼板为钢筋混凝土板。框架梁采用后张有粘结预应力混凝土结构，次梁采用后张无粘结预应力混凝土结构。

一指廊采用三条结构缝将结构分为四段，二指廊采用两条结构缝将结构分为三段。采用双柱法设置结构缝，结构缝一侧柱子伸上顶层作为屋盖的支承柱，混凝土结构分缝不与屋面和屋盖分缝对齐。

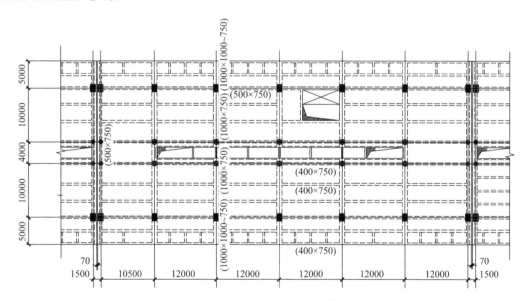

图 7.1　指廊（东二 3 层局部）楼盖结构平面图

东一指廊首层地梁顶面结构标高为—1.300，2 层梁板顶面结构标高为 3.350，3 层梁板顶面结构标高为 7.300。东二指廊首层地梁顶面结构标高为—1.100，2 层梁板顶面结构标高为 3.550，3 层梁板顶面结构标高为 7.600。

西一指廊首层地梁顶面结构标高为—2.800，2 层梁板顶面结构标高为 1.850，3 层梁板顶面结构标高为 5.800。西二指廊首层地梁顶面结构标高为—2.600，2 层梁板顶面结构标高为 2.050，3 层梁板顶面结构标高为 6.000。

在顶层由两列混凝土排架柱支承钢屋盖，廊排架柱跨度为 24m，柱距为 12m。

7.1.2 钢屋盖结构平面

指廊屋面主桁架为 12m 开间、中间跨度 24m、两端各悬挑 7.145m 的平面桁架，通过铰支座与三层的混凝土柱相连，三层柱高 5.05～14.38m（图 7.2）。

在主桁架的悬臂端、混凝土柱顶处、天窗处共设了 6 道纵向次桁架。其中，悬臂端纵向次桁架为三角形圆钢管空腹桁架，承受和传递玻璃幕墙传来的水平荷载，天窗处次桁架即为天窗架，位于主桁架之上，是方钢管空间桁架，自成抗力体系，承受着天窗荷载，由天窗架在主桁架支座处设置双侧隅撑，支撑在天窗架下弦节点与主桁架下弦节点之间，是保证主桁架下弦稳定的重要支撑。除混凝土柱顶处的两榀次桁架外，其他次桁架都隐藏在屋盖之内，整个屋盖体系外观显得较为简洁。

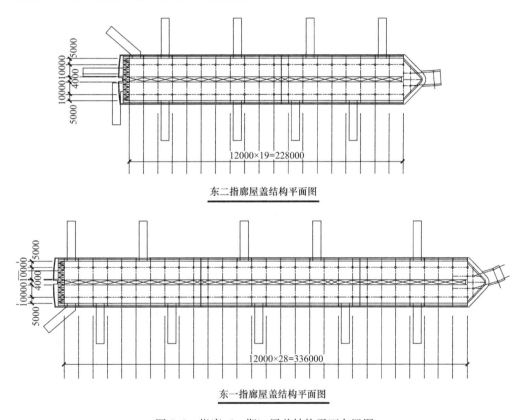

东二指廊屋盖结构平面图

东一指廊屋盖结构平面图

图 7.2 指廊（一期）屋盖结构平面布置图

7.1.3 主桁架

主桁架（图 7.3）上下弦为拱形弧线，桁架高在跨中为 2.252m，往两端逐渐减小，至混凝土柱顶处减至 1.7m。主桁架弦杆为方钢管□250×（12～16)mm，斜腹杆为□160×（6～8) mm，竖腹杆为□80×160×5mm，均采用热成形方管。

指廊主桁架采用部分搭接的 KT 形节点，施工时斜腹杆先以全周焊缝和弦杆焊接，此时两根受力大的斜腹杆之间为间隙型，然后再将受力小、尺寸也小的竖腹杆焊接在弦杆和斜腹杆上，成为部分搭接节点。

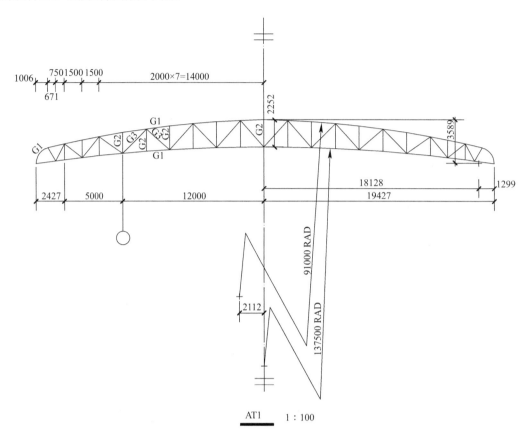

AT1   1：100

桁架编号	杆件编号	截面	截面尺寸(mm)(高×宽×腹板厚×翼缘厚)	杆件总长(m)	每米重量(kg/m)	杆件总重(kg)	桁架总重(kg)
AT1	G1	□ 250×12	250×250×12	79.778	88.5	7060.353	9566.973
	G2	□ 100×5	100×100×5	34.524	14.7	507.503	
	G3	□ 160×8	160×160×8	53.168	37.6	1999.117	

图 7.3 指廊（一期）主桁架

7.1.4 屋面结构设计

白云机场一期指廊屋面（图 7.4）采用超大跨度箱形压型钢板 57,500m² （覆盖面积），总重 2,406t。

屋面同主楼一样，不设檩条，除采光带部位外，均采用超大跨度箱形压型钢板承受屋面的重量和传来的屋面荷载，并起到增强屋盖结构整体性和稳定性的作用。箱形板的跨度方向均沿屋盖纵向，直接支承于主桁架上，跨度为 12m，最大悬臂长度 6m。

箱形压型钢板材质和板型与主楼相同，详见表 5.13，但壁厚只选用其中的 1.52mm、1.9mm 两种，根据风压大小和支承条件的不同而选用。

指廊侧墙带金属面板部分也采用箱形压型钢板作为墙檩和外围护构件的支撑体系。

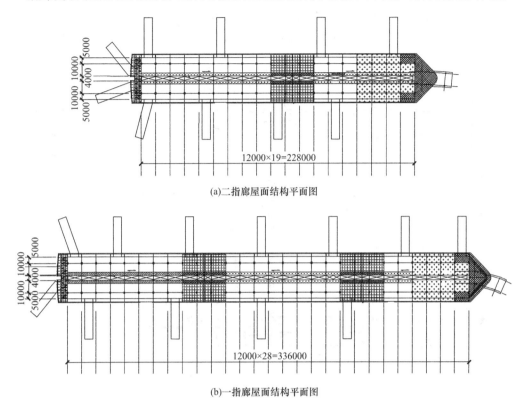

(a)二指廊屋面结构平面图

(b)一指廊屋面结构平面图

压型钢板用量统计：

型号	壁厚(mm)	用量(t)
C	1.52	1336
C1	1.9	465
C2	1.52	428
C3	1.9	177
总用量(t)		2406

注：表中用量为东一、东二、西一、西二指廊的总用量

▢ 代表C型压型钢板
▨ 代表C1型压型钢板
▦ 代表C2型压型钢板(每5个波置1根W12×16型钢)
▨ 代表C3型压型钢板(每5个波置1根W12×16型钢)

图 7.4　白云机场一期指廊屋面压型钢板布置平面图

7.1.5　钢结构设计经济指标

一期工程指廊主体钢结构型钢总用量为 3542t，其中圆管 538t，方管 2263t，H 型钢及槽钢 450t，节点板 291t。平均用钢量为 76kg/m² （按屋盖水平投影面积计算）。

一期工程指廊的屋面压型钢板（结构板）平均用钢量为 44kg/m² （按覆盖面积计算）。主楼屋面为无檩条设计，檩条用量为 0。

7.2　一期扩建指廊

7.2.1　混凝土结构楼盖

下部混凝土结构楼盖（图 7.5）采用框架结构，楼盖采用连续单向板肋梁楼盖。支承楼盖梁板的柱网为 11m×9m 和 13m×9m，次梁跨度为 9m，间距为 2.45～3.8m。次梁沿结构单元长向布置，利用次梁及框架梁的预应力筋抵抗超长混凝土的伸缩应力，楼板为钢筋混凝土板。框架梁采用后张有粘结预应力混凝土结构，次梁采用后张无粘结预应力混凝土结构。

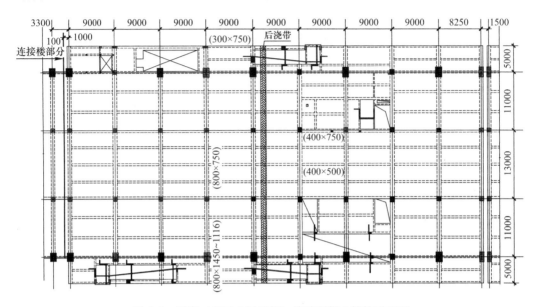

图 7.5 指廊（东三 3 层局部）楼盖混凝土结构平面图

采用一条结构缝将结构分为两段，采用双柱法设置结构缝，结构缝两侧柱子均不伸上顶层，混凝结构分缝与屋面和屋盖分缝对齐。

东三指廊首层地梁顶面结构标高为 −1.300，2 层梁板顶面结构标高为 3.250，3 层梁板顶面结构标高为 7.250。西三指廊首层地梁顶面结构标高为 −2.600，2 层梁板顶面结构标高为 1.950，3 层梁板顶面结构标高为 5.950。

在顶层由两列混凝土排架柱支承钢屋盖，排架柱跨度为 35m，柱距为 18m，排架柱跨比一期工程增大 46%，柱距增大 50%。

7.2.2 钢屋盖结构平面

三指廊屋面主桁架为 18m 柱距、中间跨度 35m、两端各悬挑 7.3m 的预应力拉索拱形钢管立体桁架（图 7.6）。

混凝土柱顶处纵向次桁架为三角形圆钢管空腹桁架，承受和传递玻璃幕墙传来的水平风荷载。天窗处次桁架即为天窗架，位于主桁架之上，是钢管空间桁架，自成抗力体系，承受着天窗各种荷载。这 3 道次桁架共同构成主桁架稳定的支撑。混凝土柱顶处的两榀次桁架部分隐藏在天花之内，其腹杆的布置巧妙地和天花、灯具结合在一起，成为建筑装饰的一部分，而天窗次桁架则隐藏在天窗下的透光膜结构吊顶之内，相比一期，整个屋盖体系外观显得更为简洁、美观。

每条指廊共有 12 榀主桁架，计至外边缘全长约 203m，在 7～8 轴间 117m 处设置了一道伸缩缝，屋盖沿纵向为上拱圆弧形（圆弧半径在柱顶处为 75m），伸缩缝就设置在圆弧的最高点，简化了伸缩缝处屋面防水及天沟的构造。主桁架顺着屋面纵向弧线绕混凝土柱顶铰支座有 $0.69° \sim 8.97°$ 的转角，使得主桁架平面垂直于屋面纵向弧线。

3 层层高变化较大，柱高 $3.670 \sim 12.800m$，柱顶和主桁架铰接，柱子本身基本为悬臂受力，为了满足层间位移角的要求，柱横截面随着柱高的增加而逐步加大，由 $1m \times 1.2m$ 增加至 $1.2m \times 1.6m$。

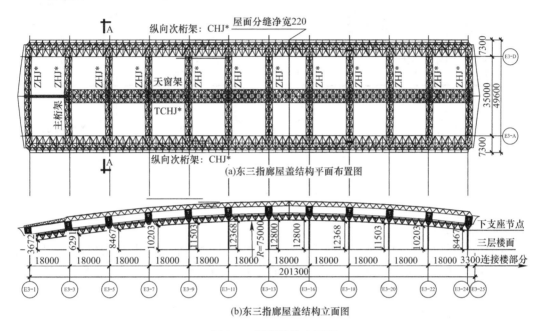

(a)东三指廊屋盖结构平面布置图

(b)东三指廊屋盖结构立面图

图 7.6　指廊结构布置图

7.2.3　钢屋盖预应力拉索拱桁架

7.2.3.1　设计

指廊钢屋盖采用了预应力拉索拱形钢管桁架（图 7.7），有效地减少了桁架的结构高度、改善了桁架的内力分布。预应力拉索拱形钢管立体桁架通过铸钢铰支座与三层的混凝土柱相连。主桁架跨中结构高度为 $2.0m$，往两端逐渐增大，至混凝土柱顶处增至 $3.75m$。在混凝土柱顶处、跨中天窗处共设了 3 道纵向次桁架作为支撑。

由于采用了预应力拉索拱形钢管桁架的结构形式，相比一期，在主桁架的开间及跨度均增加了 50% 的情况下，跨中结构高度却减少了 11%。

侧面斜腹杆与弦杆的相贯节点均为带间隙的双 K 形连接节点，腹杆之间无搭接，以避免产生难以焊接的隐藏焊缝，根据腹杆的布置情况，必要时采用有偏心的间隙节点。

在主桁架下弦杆钢管内设置了两束预应力拉索，预应力拉索采用低松弛镀锌钢绞线（$f_{ptk} = 1770MPa$，$f_{py} = 1249MPa$），其两端采用带防松脱装置的夹片锚具。拉索的规格为 $\Phi_s 15.2$，每束 $15 \sim 16$ 根。主桁架中间跨度 $35m$，两端各悬挑 $7.3m$，简支内跨无论荷载还是跨度均远大于悬挑跨；同时桁架上拱，矢跨比较小，仅为 0.115，且悬臂混凝土柱提供的水平向约束刚度有限，因此，其力学特点介于预应力简支桁架和预应力拱架（拱形桁架）之间，且偏向于简支桁架。

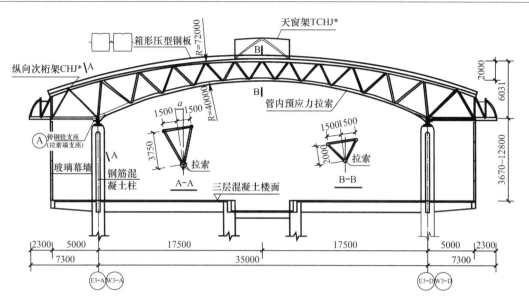

图 7.7　指廊主桁架

7.2.3.2　理论分析

本工程的预应力桁架沿下弦曲线布索，为了研究其力学特点，找出关键的控制参数，可将其简化成两折线模型，拉索与桁架中性轴的偏心用刚性杆模拟，忽略预应力损失及拉索自身刚度的影响，计算简图及 M、N、V 图如图 7.8 和图 7.9 所示。用结构力学的方法可得到跨中挠度 Δ_c 的计算式：

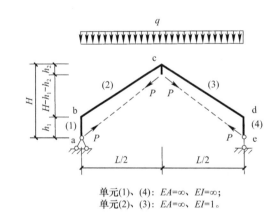

单元(1)、(4)：$EA=\infty$、$EI=\infty$；
单元(2)、(3)：$EA=\infty$、$EI=1$。

图 7.8　两折线模型计算简图

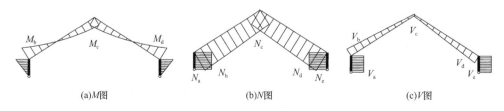

(a)M图　　　　　　　　(b)N图　　　　　　　　(c)V图

图 7.9　两折线模型内力

本工程的预应力桁架沿下弦曲线布索，与常见的预应力简支桁架有区别，为了研究其力学特点，找出关键的控制参数，可将其简化成两折线模型，拉索与桁架中性轴的偏心用刚性杆模拟，忽略预应力损失及拉索自身刚度的影响，计算简图及 M、N、V 图如图 7.8 和图 7.9 所示。用结构力学的方法可得到跨中挠度 Δ_c 的计算式：

$$\Delta_c = \frac{5qL^2\left[4(H-h_1+h_2)^2+L^2\right]}{384EI} - \frac{PL^2(h_1+2h_2)}{24EI} \frac{\sqrt{4(H-h_1+h_2)^2+L^2}}{\sqrt{4H^2+L^2}}$$

$$(7.1)$$

取 $q=2.5\text{kN/m}$、$P=1340\text{kN}$、$L=35\text{m}$、$H=4.03\text{m}$，分析各几何参数（h_1、h_2、H）与跨中挠度（Δ_c）的关系如图 7.10 所示。

结论如下：

1）当拱形桁架的支座水平向约束刚度小时（极端情况为滑动铰）：

①施加预应力可以显著减小拱形桁架的挠度；

②预应力可以改变拱形桁架的内力分布。有利的是可使跨中弯矩减小，弯矩分布更平均；不利的是使得轴力、剪力增加，尤其是轴力增加明显；经过本工程桁架实例验算，总体用钢量是节省了的；

③拱架高 H 的大小对挠度基本没影响；

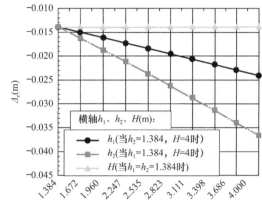

图 7.10　几何参数与跨中挠度关系

④对挠度影响较大的是拉索的偏心距 h_1、h_2，尤其是跨中的偏心距 h_2 影响最大。

2）当拱形桁架的支座水平向约束刚度大时（极端情况为固定铰），直接施加预应力不但不可以减小拱形桁架的挠度，预应力反而变成荷载，使得挠度、内力增大。遇到这种情况，要使预应力发挥有利的作用，应分步施工：在张拉时解除支座水平向约束，此时拱形桁架的力学特点和第一种情况相同；待张拉完后再锁定支座。

7.2.3.3　模型试验

试验工作委托东南大学完成。

1. 试验模型

采用足尺模型进行试验，并选择现场安装的最后一榀桁架进行监测，对该桁架进行预应力张拉阶段及后续主要施工过程的监测。在试验模型上布置了测点（图 7.11）以测试钢构件应力、拉索索力、桁架形状及索力摩擦损失。

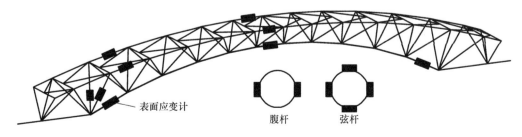

图 7.11　桁架应变测点布置图

2. 试验结果

1）通过四次摩擦试验，测得摩擦损失百分比的范围为 $19.0\%\sim26.8\%$。总体上看预应力摩擦损失平均水平在 23% 左右；

2）通过四次摩擦试验，锚具回缩引起的最大索力损失为施工张拉控制索力的 23%；

3）正式张拉施工时，北端支座（滑动端）水平滑动为 28mm，南端支座（固定端）水平滑动为 4mm，合计桁架两端相对内滑移为 32mm；

4）正式张拉施工时，桁架跨中最大起拱量为 25mm；

5）拉索最终内力为：南端：844kN，838kN；北端：823kN，856kN；

6）应力测试结果表明，被监测杆件内力均未超限，处于弹性范围内，预应力可以有效改善拱桁架杆件受力状态，但对不同杆件影响程度不尽相同；

7）W3-24 轴线桁架试验中，桁架滑动端采用辊轴支座，有效地改善了桁架在自身平面内的水平变形条件。从而支座位移随荷载的变化基本呈线性规律，结构的位移和构件应变随荷载的变化也基本呈线性规律，与 E3-1 轴桁架有了较为明显的不同。

3. 索桁架施工要求

本工程预应力桁架的施工基本步骤为："桁架拼装——穿索——整体吊装——拉索张拉——支座固定"。吊装时先在混凝土柱上设置临时支架。张拉前，锁定拉索锚固端的铸钢铰支座，桁架张拉端则支承在临时支架的滑动支座上，张拉至控制值后，即将张拉端的铸钢铰支座锁定，并浇注无收缩灌浆。桁架两端同步张拉，每两束拉索也要求同时张拉，张拉力差值不得大于 50kN。桁架的张拉控制以变形控制为主，应力控制为辅。

7.2.4 屋面结构设计

白云机场一期扩建指廊屋面采用超大跨度箱形压型钢板 $16,982m^2$（覆盖面积），总重 687t。

指廊全屋盖均采用箱形压型钢板（图 7.12），板跨沿建筑纵向，支承于主桁架之上，最大跨度 15.2m。指廊箱形板使用 1.2mm 和 1.6mm 两种厚度，根据风压大小和支承条件的不同而选用。

7.2.5 钢结构设计经济指标

一期扩建工程指廊主体钢结构型钢总用量为 1420t，平均用钢量为 $67kg/m^2$（按屋盖水平投影面积计算），其中主桁架用钢量 $26kg/m^2$，平均用钢量比一期工程减少 12%（$9kg/m^2$）。

一期扩建工程指廊的屋面压型钢板（结构板）总用钢量为 687t，屋面压型钢板平均用钢量为 $40kg/m^2$（按覆盖面积计算），屋面压型钢板平均用钢量比一期工程减少 9%（$4kg/m^2$）。

主楼屋面为无檩条设计，檩条用量为 0。

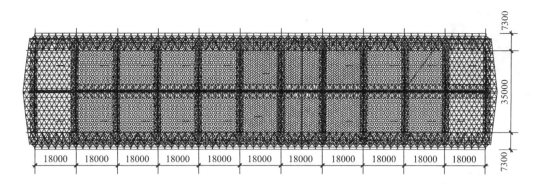

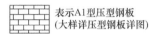 表示A1型压型钢板
（大样详压型钢板详图）

 表示A3型压型钢板
（大样详压型钢板详图）

 表示C型压型钢板
（大样详压型钢板详图）

 表示C1型压型钢板
（布置方法详本图大样）

压型钢板用量统计：

型号	壁厚 (mm)	单件长度 (m)	单重(kg/m²) (不含型钢)	面积 (m²)	用量(t) (不含型钢)	备注
A1	1.2	3.0	32.7	960	31.4	
A3	1.6	15.20~15.03	43.6	3734	162.8	
C	1.6	18.83~21.39	43.6	1717	74.9	H型钢(375×150×6×8)用量为43.8t
C1	1.2	16.0~10.89	32.7	1040	34.0	H型钢(375×200×6×10)用量为107.2t
	1.2	3.0~8.89	32.7	460	15.0	
	1.6	15.03	43.6	580	25.3	
		总用量		8491	343.4	H型钢总用量为151t

图 7.12 白云机场一期扩建指廊屋面压型钢板布置平面图

登机桥钢结构设计

8.1 结构设计

白云机场一期和一期扩建工程的登机桥（固定端）均采用双跑式非成品桥（建筑桥），为高架通廊式建筑物。登机桥由剪刀式布置的上下两跑通廊组成，下跑通廊与指廊到达层（2层）相通，上跑通廊与指廊出发层（3层）相通，桥底架空，每跑通廊为1层。登机桥的建筑形式和结构形式基本相同，但平面形状和尺寸和登机桥的位置及停靠飞机的机型有关，因此登机桥的种类繁多。登机桥廊道的净宽为2500mm（扣除柱宽），一期工程廊道的层高约为3500mm，一期扩建工程廊道的层高约为3300mm，登机桥离地最大高度约12m，登机桥总宽6.5m。

登机桥采用钢框架结构。柱采用□400×12.5mm轧制方管，弦杆采用BH350×200mm（一期）或BH380×200mm（一期扩建）焊接H型钢，腹杆采用□150轧制方管。对于焊管，焊缝仅允许一条直焊缝。

8.1.1 一期工程

一期工程典型登机桥的结构平面见图8.1，平面图图示左侧接登机桥活动端，图示右侧接指廊2层和3层。登机桥由三排柱（柱排沿横向）支承，每排有4根柱。指廊侧设置一排柱，活动端侧设置两排柱。

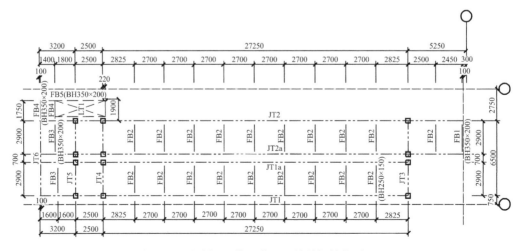

图 8.1 登机桥（一期，典型）楼盖钢结构平面图

126

沿登机桥横向设有 JT3、JT4、JT5 三榀横向钢框架（图 8.4），沿沿纵向设有 JT1、JT1a、JT2、JT2a 四榀纵向钢桁架（图 8.3），纵向钢桁架与钢柱刚接形成纵向框架。JT6 采用空腹刚架，纵向桁架在图示左侧悬臂跨的腹杆也被抽掉，以便于行人通行。JT6 采用刚架有助于增大登机桥悬臂端的横截面扭转刚度。

登机桥竖向荷载通过两端简支的楼盖次梁和屋盖次梁分别传到纵向桁架的下弦和上弦，登机桥水平荷载由横向和纵向框架承受。

登机桥楼盖（2 层）采用钢与钢筋混凝凝土组合楼盖，压型钢板采用 U76-305-610 开口形压型钢板，波高 76mm，壁厚 0.9mm，总厚度 160mm。

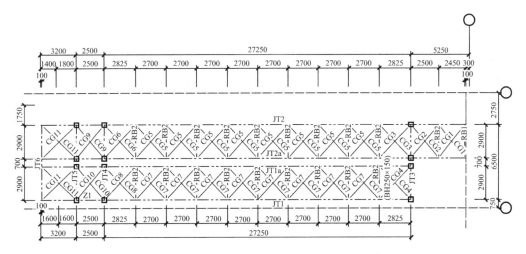

图 8.2 登机桥（一期，典型）屋盖结构平面图

屋盖结构平面布置见图 8.2，采用钢梁承重，并设置了水平支撑，以增大屋盖的水平刚度，以利于横向承受水平荷载。屋面为金属屋面板，采用有檩结构体系。

纵向桁架见图 8.3，采用 N 形节点，桁架分格与幕墙分格一致。

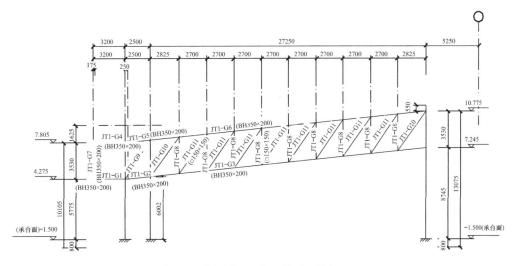

图 8.3 登机桥（一期，典型）桁架-JT1

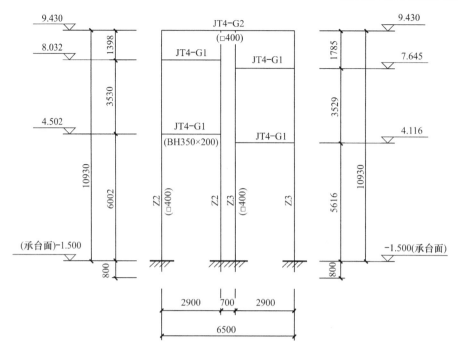

图 8.4　登机桥（一期，典型）桁架-JT4

8.1.2　一期扩建工程

一期扩建工程典型登机桥的结构平面见图 8.5，平面图图示左侧接登机桥活动端，图示右侧接指廊 2 层和 3 层。相比一期工程，纵向跨度大为减小，且抽掉了活动端侧的一排柱，使结构布置更为经济、简洁。

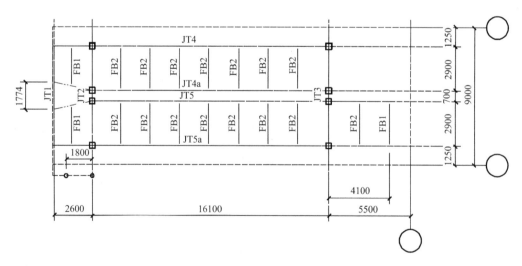

图 8.5　登机桥（一期扩建，典型）楼盖钢结构平面图

沿登机桥横向设有 JT2、JT3 两榀横向钢框架（图 8.8），沿纵向设有 JT4、JT4a、JT5、JT5a 四榀纵向钢桁架（图 8.9），纵向钢桁架与钢柱刚接形成纵向框架。JT1 采用空

腹刚架，且纵向桁架在图示左侧悬臂跨的腹杆被抽掉，以便于行人通行。JT1 采用刚架有助于增大登机桥悬臂端的横截面扭转刚度。

登机桥竖向荷载通过两端简支的楼盖次梁和屋盖次梁分别传到纵向桁架的下弦和上弦，登机桥水平荷载由横向和纵向框架承受。

登机桥楼盖（2 层）采用钢与钢筋混凝凝土组合楼盖（图 8.6），组合楼板总厚度 125mm，采用满足《建筑用压型钢板》GB/T 12755—1991 及国标图集 05SG522 的 YXB 65—185—555（B）闭口形压型钢板，波高 65mm，壁厚 0.91mm。

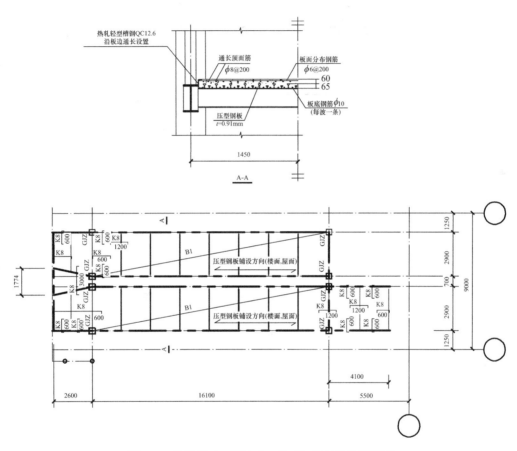

图 8.6 登机桥（一期扩建，典型）楼盖结构平面图

以闭口型压型钢板作为组合楼盖的楼承板，优点是组合楼板总厚度比开口形压型钢板大为减小。缺点是：1）压型钢板抗弯截面模量较小，允许的施工活载比较小，要注意施工阶段的验算，必要时需要设置跨中支顶；2）混凝土的净高（总高减去压型钢板肋高）较小，组合梁的承载力较低，通常忽略组合作用。

屋盖结构平面布置见图 8.7，采用钢梁承重，并设置了水平支撑，以增大屋盖的水平刚度，以利于横向承受水平荷载。屋面为金属屋面板，采用有檩结构体系。

纵向桁架见图 8.9，桁架节点采用 K 形节点，相比一期的 N 形节点，由于支杆夹角较大，因此节点设计更为合理。

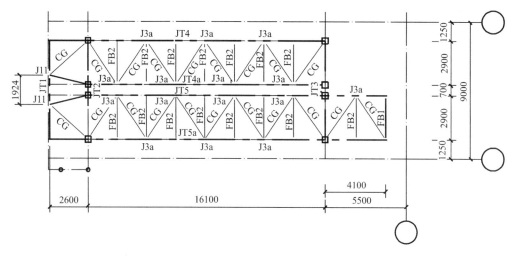

图 8.7　登机桥（一期扩建，典型）屋盖结构平面图

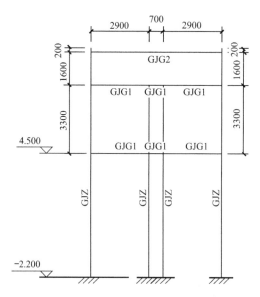

图 8.8　登机桥（一期扩建，典型）桁架-JT2

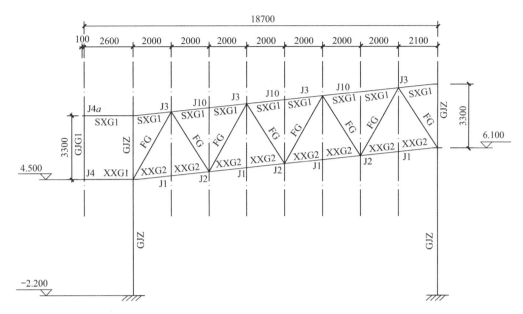

图 8.9 登机桥（一期扩建，典型）桁架-JT4

8.2 节点设计

框架梁柱节点见图 8.10，节点处柱断开，设置了贯通式水平加劲隔板，加劲隔板通过全熔透拼接焊缝与 H 型钢框架梁翼缘连接。隔板做了加厚，以考虑双向受力的影响。

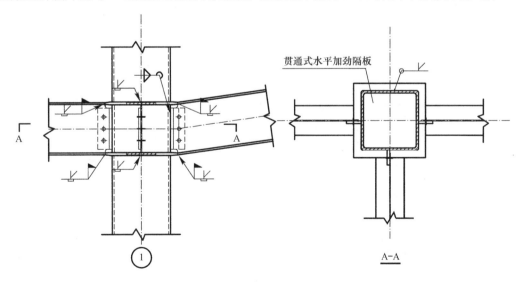

图 8.10 登机桥结构节点大样（一）

纵向桁架节点见图 8.11，采用有间隙的 K 形相贯焊接节点，弦杆为 H 型钢，弦杆的节点处适当设置加劲肋，以承受腹杆传来的内力。

屋盖节点见图 8.12 及图 8.13，采用节点板的节点设计使多杆交汇的节点设计受力清晰、传力可靠。

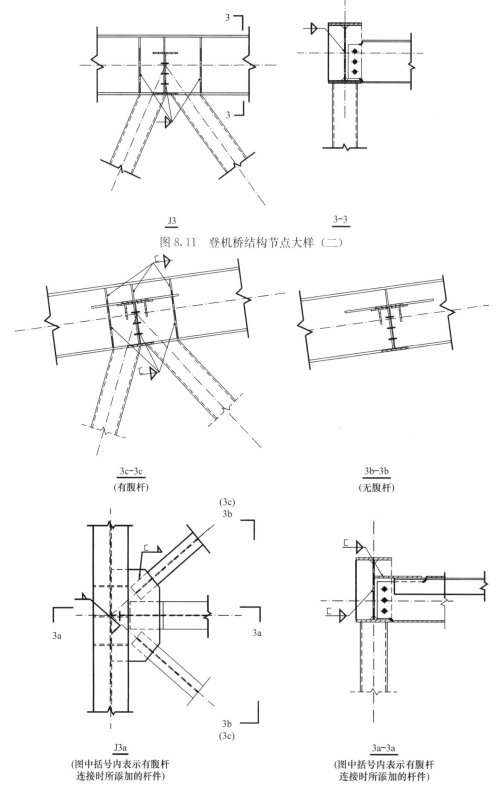

$\underline{J3}$ $\underline{3-3}$

图 8.11　登机桥结构节点大样（二）

$\underline{3c-3c}$
（有腹杆）

$\underline{3b-3b}$
（无腹杆）

$\underline{J3a}$
（图中括号内表示有腹杆
连接时所添加的杆件）

$\underline{3a-3a}$
（图中括号内表示有腹杆
连接时所添加的杆件）

图 8.12　登机桥结构节点大样（三）

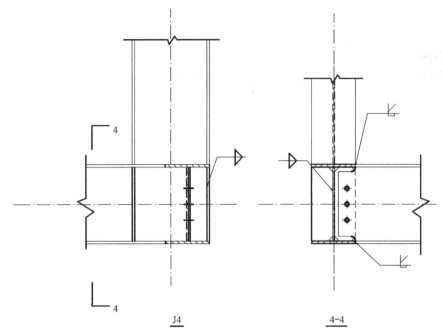

图 8.13　登机桥结构节点大样（四）

8.3　钢结构设计经济指标

　　一期工程登机桥主体钢结构型钢（包括登机桥钢梯）总用量为 3214t，总共 46 条登机桥，平均每条桥用钢量为 70t/条。

　　一期扩建工程登机桥主体钢结构型钢（包括登机桥钢梯）总用量为 922t，总共 23 条登机桥，平均每条桥用钢量为 40t/条，每条登机桥的用钢量比一期工程减少 43%。

连接桥钢结构设计

9.1 结构设计

9.1.1 概况

白云机场 T1 航站楼共设有 4 条连接桥,东西各两条,东西基本对称。连接桥为 3 层高架建筑物,同时也是人行天桥,桥底有公路穿越。北侧连接桥跨度 50～54m,桥长约 60～66m,桥宽约 13～16m,屋面平均高度约 34m;南侧连接桥跨度 45m,桥长约 54～55m,桥宽 13～16m。本章以西北连接桥为例,对连接桥的钢结构设计进行介绍。

连接桥结构的三维图见图 9.1。

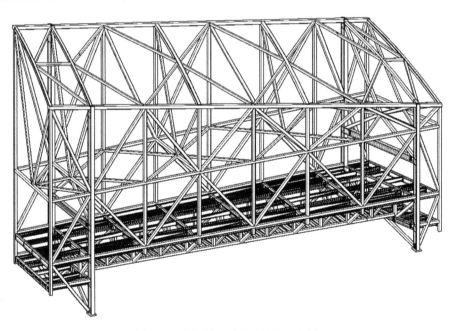

图 9.1 连接桥(西北)结构三维图

9.1.2 钢结构材料

连接桥的管材采用 S355J2H 热成型方管,管截面为 □300～□500。

在桁架结构中,采用热成型方(矩)形管[包括热轧方(矩)形管]相比于冷轧方(矩)形管有明显的优势,优点是:1)热成型方(矩)形管是在正火温度下成型,经过正火处理,转角处的冷作硬化残余应力被基本消除,全截面可焊接,适合于等宽度或宽度接近的主管与支管焊接；2）热成型方（矩）形管是热轧管，转角半径比较小，冷轧管转角半径大，会导致相贯焊接节点设计和制作上的一些困难；3）热成型管经过正火处理，金相组织均匀，材料有更好的力学性能和焊接性能。热成型方（矩）形管相比于焊接箱型截面管，则具有残余应力小、变形小、外观美观等优点。

热成型管因为残余应力比冷成型管或焊管小，因此稳定性更好，欧洲规范 EN 1993-1-1 将热成型管和热轧管归为一类，稳定系数比冷轧管高 15% 左右。

连接桥大钢柱采用 A572 Grade 50 焊接 H 型钢，为防止厚板焊接时产生层状撕裂，对于厚度 $40mm \leqslant t < 60mm$ 的钢板，厚度方向性能等级要求达到 Z15；对于厚度 $60mm \leqslant t \leqslant 125mm$ 的钢板，厚度方向性能等级要求达到 Z25。

大钢柱腹板与翼缘的 T 接节点采用双面 J 形坡口全熔透焊缝连接，施焊前进行预热，焊后进行后热，并加强对板材和焊缝的超声波探伤检查，以确保超厚板焊缝连接受力可靠。

连接桥钢次梁采用 A36 热轧型钢，钢框架梁采用 A572 Grade 50 热轧或焊接 H 型钢。

9.1.3 二层结构平面

连接桥二层用作中转或行李通道，二层通道中段桥面收窄，平面大致呈"工"字形。结构平面布置见图 9.2，连接桥由四条焊接 H 型钢大钢柱支承。连接桥钢结构图上以"NW-BT-XX"表示西北连接桥的桁架/刚架编号。

沿结构纵向，共设有四道纵向桁架，其中 NW-BT-1 和 NW-BT-2 为主受力桁架，跨度分别为 50m 和 54m，位于 3 层，为 1 层高桁架；桁架 NW-BT-8A、NW-BT-8B 位于 2 层通道中段收窄部位，为 1 层高桁架，用于承受 2、3 层的楼盖竖向荷载。

沿结构横向，设有两道横向落地刚架：NW-BT-5A 和 NW-BT-6D，4 道不落地端部刚架：NW-BT-6A、NW-BT-6B、NW-BT-6C、NW-BT-6D，用于承受结构的水平荷载。在通道中段，另外设置了 3 道一层高横向桁架：NW-BT-7A、NW-BT-7B、NW-BT-7C，和 NW-BT-6B、NW-BT-6C 一起承受通道中段的竖向荷载。

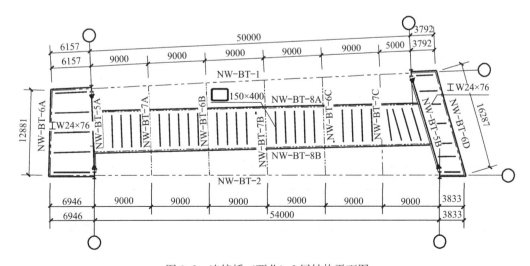

图 9.2 连接桥（西北）2 层结构平面图

端头部分楼盖采用钢与钢筋混凝土组合楼盖（图 9.5），采用单向板设计，板跨约 3m，做法同连接桥 3 层。

2 层通道中段宽度为 6m，结构高度受通道建筑净高及下穿道路净高限制，此处楼盖结构总高度只有 190mm，因此采用总厚度仅为 48mm 的钢板与混凝土组合楼板（图 9.3），且采用间距为 1500mm 的密布次梁承重。钢板采用 Q235A 花纹钢板，次梁采用宽度为 150mm 的 S355J2H 热成型矩形管（截面宽度沿铅垂方向）。

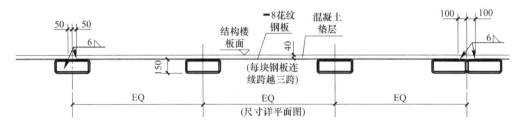

图 9.3　连接桥二层通道中段梁板详图

9.1.4　水平支撑层

水平支撑层（NW-BT-4）为 3 层夹层（无楼板），结构布置与屋盖层相类似（参见图 9.7），不同之处是：水平支撑层的支撑杆件位于平面，而屋盖水平支撑杆件节点位于曲面。水平支撑层的作用是减小主桁架腹杆的平面外无支撑长度、增大结构侧向刚度、增强结构的整体性。

9.1.5　三层结构平面

连接桥三层为行人通道，连接主楼办票大厅和连接楼安检区域，设有一条人行步道机。结构平面布置见图 9.4，利用大钢柱形成 2 道落地横向刚架，形成横向抗侧结构，在通道端部及中段每隔 18m 设置一道不落地的横向刚架，以增大结构侧向刚度和增强结构的整体性。

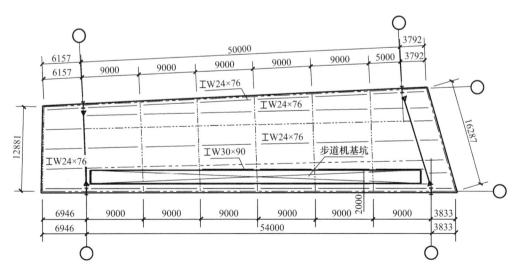

图 9.4　连接桥（西北）3 层结构平面图

　　3层采用钢与钢筋混凝土组合楼盖（图9.5），采用单向板设计，板跨约3m，压型钢板采用带抗剪刻痕的开口压型钢板，考虑压型钢板与钢筋混凝土的组合作用。

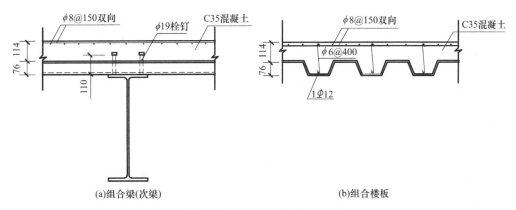

图9.5　连接桥组合梁板详图

　　连接桥设有一条步道机，步道机基坑处采用折梁处理，详见图9.6。

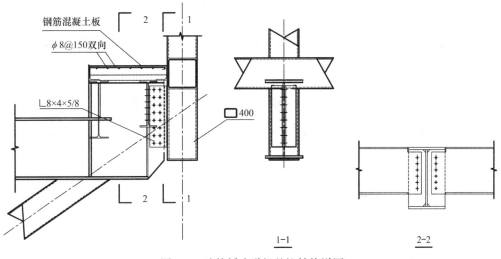

图9.6　连接桥步道机基坑结构详图

9.1.6　屋盖结构平面

　　连接桥屋盖为骨架支承式膜结构屋盖，屋盖为曲面，屋面膜材采用玻璃纤维PTFE膜。结构平面布置见图9.7，设有平面支撑以增大屋盖的平面刚度。屋盖支撑为直杆，采用□300mm热成型方管，其顶面比膜结构的固定杆的顶面低50～100mm。

　　屋面膜结构以屋盖的两条直线纵边及最大间距为9m的数道圆弧形横杆作为骨架，为了避免膜结构下垂时接触到斜撑杆件，通过竖板连接件将膜结构再抬高150mm左右。

9.1.7　桁架/刚架

9.1.7.1　主桁架

　　连接桥主桁架为单跨方管相贯焊接桁架（图9.8）。连接桥两侧主桁架大小不同，

NW-BT-2 的跨度较大，为 54m，两端悬臂约 7m 和约 4.5m。

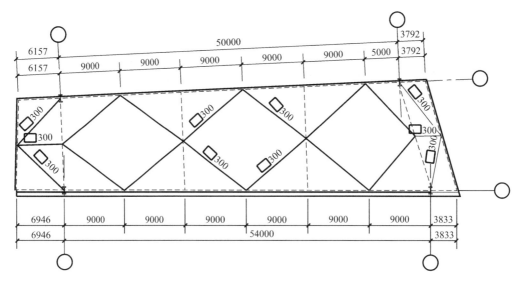

图 9.7　连接桥（西北）屋盖结构平面图

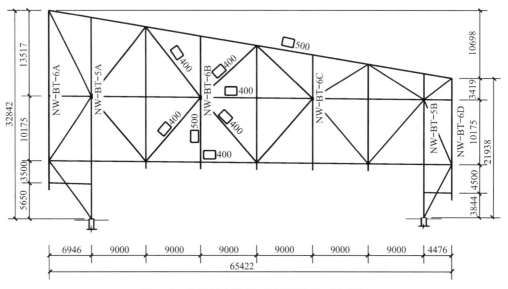

图 9.8　连接桥主桁架（NW-BT-2）立面图

上、下弦杆采用通长（在大钢柱处断开）方管，上弦杆为□500 热成型方管，下弦杆为□400 热成型方管；腹杆布置呈"米"字形，中间设置一道通长水平腹杆，水平腹杆对应水平支撑层，以减小腹杆的无支撑长度，腹杆为□400 热成型方管。主桁架杆件壁厚为 12～25mm，带坡口的相贯线采用六维全自动切割一次切割成形，切割中考虑了管圆角处的圆滑过渡。桁架主要节点形式为 KT 形或"米"字形无偏心有搭接方（矩）形管节点，通过采取适当的装焊顺序，确保所有隐藏焊缝施焊。

在两端悬臂处设置支座斜杆，以增大悬臂部位的竖向刚度。桁架腹杆和弦杆截面宽度相同或接近，以达到简洁的建筑效果。

9.1.7.2 2层纵向桁架

2层纵向桁架全长约51～53m，支承在7道横向刚架或横向桁架上（图9.9），为多跨平行弦桁架，跨度约9m，采用 K-T 型相贯焊接节点。桁架上弦杆采用焊接 H 型钢 BH611×400，下弦杆采用□400 热成型方管，竖腹杆采用□400 热成型方管，斜腹杆采用□200×400 热成型矩形管（窄边位于铅锤面）。

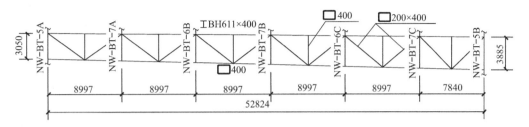

图 9.9 连接桥 2 层纵向桁架（NW-BT-8B）

9.1.7.3 横向刚架/桁架

1. 横向刚架 NW-BT-5A

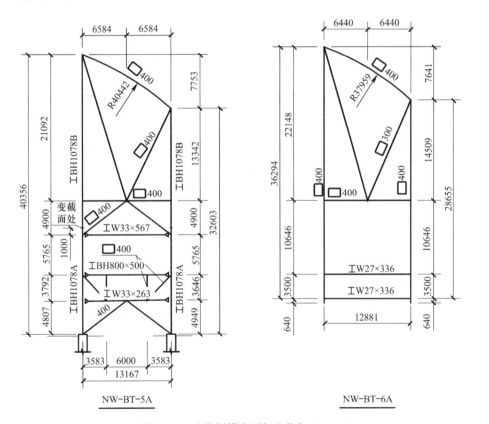

图 9.10 连接桥横向刚架和桁架（一）

横向刚架 NW-BT-5A（图 9.10）（NW-BT-6A 与之结构相似）为落地刚架。立柱为连接桥的大钢柱，由三道热轧或焊接 H 型钢梁与立柱刚性连接，上部由斜腹杆和水平腹杆形成"刚片"，下部设置八字形斜撑，使刚架具有较大的侧向刚度，以传递高大的连接桥的侧向风力至基础。

大钢柱采用焊接 H 型钢，柱截面分两段收分以节省造价，下段柱截面（代号 BH1078A）尺寸为 BH1078×500×70×125，上段柱截面（代号 BH1078B）尺寸为 BH1078×500×50×100。

2. 横向刚架 NW-BT-6A

横向刚架 NW-BT-6A（图 9.10）（NW-BT-6D 与之结构相似）为不落地刚架。结构上部由斜腹杆和水平腹杆形成"刚片"，从而形成刚架，具有一定的侧向刚度，以增大结构的侧向刚度和增强结构的整体性。刚架竖杆兼作柱桁架的竖杆，采用□400 热成型方管，上部"刚片"腹杆采用□300 和□400。

钢架结构下部两根简支的热轧 H 型钢梁用于承受二层和三层的楼盖竖向荷载。

3. 横向刚架 NW-BT-6B

横向刚架 NW-BT-6B［图 9.11（a）］（NW-BT-6C 与之结构相似）为不落地刚架。上部结构与横向刚架 NW-BT-6A 类似；下部为 1 层高横向桁架，结构则与 NW-BT-7A 类似，用于承受 2 层和 3 层楼盖竖向荷载。

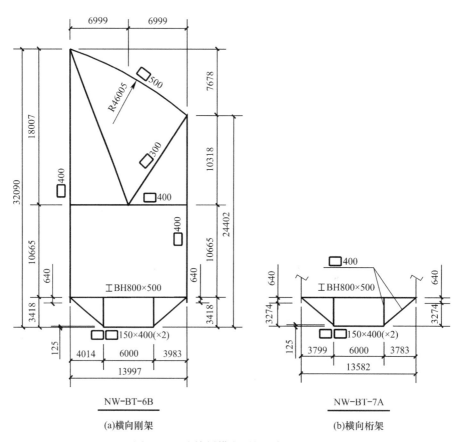

图 9.11　连接桥横向刚架和桁架（二）

4. 横向桁架 NW-BT-7A

横向刚架 NW-BT-7A［图 9.11（b）］（NW-BT-7B 和 NW-BT-7C 与之结构相似）为 1 层高横向桁架，用于承受 2 层和 3 层竖向荷载。桁架上弦贯通，采用 BH800×500 焊接 H

型钢；下弦采用两根并排的□150×400（窄边位于铅锤面）热成型矩形管，以减小结构高度。腹杆采用□400热成型方管，跨中区格腹杆被抽空以满足建筑使用要求。

9.2 结构规范验算

9.2.1 荷载

9.2.1.1 竖向荷载

3 层桥面为行人楼面，活荷载取 3.5kN/m^2。

9.2.1.2 屋面膜结构荷载

屋面膜结构的张拉力由膜结构受力分析得到，考虑张拉力在边缘杆件产生的附加扭矩 m（图 9.12）。

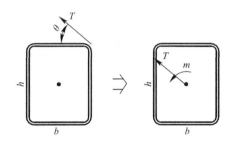

图 9.12 张拉力在边缘杆件产生的附加扭矩

对于矩形截面边缘构件，附加扭矩 m 由式（9.1）计算：

$$m = \frac{T}{2}(h\cos\theta + b\sin\theta) \tag{9.1}$$

式中 T——张拉力；

b、h——矩形截面边长；

θ——张拉力角度。

基本风压为 $w_0 = 0.45 \text{kN/m}^2$，考虑放大系数 1.2。由于平均屋面高度超过 30m 且平均屋面高度与平面最小宽度之比为 2.6＞1.5，因此横向风压应计算风振系数以考虑风压脉动的影响。采用规范方法计算风荷载时，风荷载体型系数的推测值见图 9.13，连接桥风压标准值计算结果见表 9.1。

对于中国规范横向风压，考虑了风振系数，结果与 ASCE7-95 比较接近；对于中国规范纵向风压，风振系数不需计算而取 1.0，所以比 ASCE7-95 小许多。

风洞试验实测的体型系数均小于图 9.13 所示的数值，因此结构计算按图 9.13 所示风荷载体型系数取值。

9.2.2 分析模型

结构计算采用 STAAD 程序。

桁架弦杆和腹杆的计算长度系数取 1.0，杆件平面内无支撑长度取节点间长度，平面外无支撑长度取侧向支撑（刚性楼盖、水平支撑层、屋盖层）间的长度。

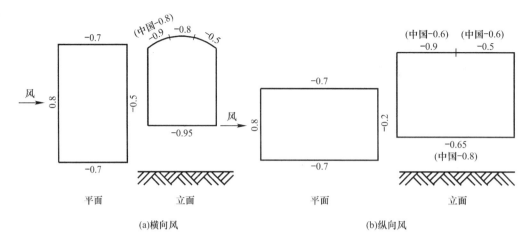

图 9.13 连接桥风荷载体型系数（推测）

连接桥风压标准值（kN/m²）   表 9.1

结构形式	横向风		纵向风	
	《建筑结构荷载规定》DBJ 15—2—1990《建筑结构荷载规范》GBJ 9—1987	美国土木工程师学会标准《房屋及其他结构最小设计荷载》ASCE 7-95 整体计算	《建筑结构荷载规定》DBJ 15—2—1990《建筑结构荷载规范》GBJ 9—1987	美国土木工程师学会标准《房屋及其他结构最小设计荷载》ASCE 7-95 整体计算
迎风墙	1.036	1.108	0.639	1.108
背风墙	−0.647	−0.693	−0.160	−0.277
侧墙	−0.906	−0.970	−0.559	−0.970
迎风屋面	−1.036	−1.247	−0.480	−1.247
背风屋面	−0.647	−0.693	−0.480	−0.693
桥底	−1.230	−1.316	−0.520	−0.906

　　所有弦杆、腹杆、梁、柱均采用普通梁单元。弦杆在中间节点处连续，曲线的弦杆通过分段的直线来模拟。腹杆两端弯曲自由度被释放。对于拉索，采用仅受拉的普通梁单元来模拟，计算时做多次迭代。

　　连接桥 3 层组合楼盖视为平面刚性，通过主从约束模拟平面刚性楼板。

9.2.3 规范验算

　　相贯焊接方（矩）形管桁架杆件承载能力规范验算时，控制杆件的应力比不超过0.85。相贯焊接方（矩）形管桁架相比于相贯焊接圆管桁架，由于便于采用有搭接节点，隐藏焊缝可焊，因此节点承载力较高，控制应力比可适当提高，但不宜超过 0.85，以考虑节点承载力的影响。

　　结构的变形验算内容见图 9.14，结构的变形验算结果见表 9.2。

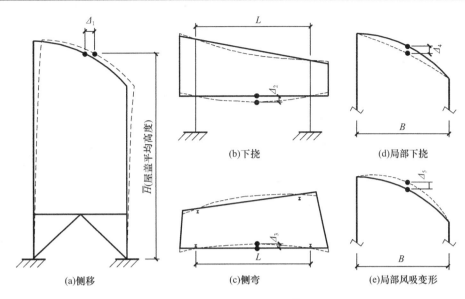

图 9.14 连接桥变形验算

连接桥变形验算结果   表 9.2

位移角/相对位移	计算结果	限值	部位
$\Delta_1/\overline{H}$	1/632	1/500	NW-BT-5A
Δ_2/L	1/1636	1/400	NW-BT-2
Δ_3/L	1/1256	1/400	NW-BT-4
Δ_4/B	1/425	1/200	NW-BT-5A
Δ_5/B	1/322	1/200	NW-BT-6C

9.3 3 层组合楼盖验算

9.3.1 概况

组合楼盖布置及组合板尺寸如图 9.15 所示，采用多跨连续单向板设计。

压型钢板（楼承板）为开口形带抗剪压痕压型钢板，设计参数参照 BHP LYSAGHT W-DECK 之 3W 型（与宝冶 U76 楼承板板型接近），由国内厂家供货。板厚 $t=0.9\text{mm}$，波高 76mm，正弯矩截面惯性矩 $I_p=1281\text{mm}^4/\text{mm}$，正弯矩截面抵抗矩 $S_p=29.7\text{mm}^3/\text{mm}$，负弯矩截面抵抗矩 $S_n=30.7\text{mm}^3/\text{mm}$，重量 $W_p=10.5\text{kg/m}^2$，基板最小屈服强度不小于 240N/mm^2，相当于 Q235 钢，压型钢板抗拉抗压强度设计值取 $f=205\text{ MPa}$。

楼板混凝土采用 C35，$f_c=17.5\text{MPa}$，$f_{cm}=19\text{MPa}$。楼板顶面配置 Φ8@150 双向通长钢筋，采用 I 级钢筋，$f_y=210\text{MPa}$。

钢梁 L1、L2 为次梁，采用 W24×76 热轧 H 型钢，钢牌号为 A36 钢，与我国 Q235 接近，近似按 Q235 验算。钢梁 L3、L4 为框架梁或桁架弦杆（主梁）。

连接螺栓采用 10.9S 级摩擦型高强度螺栓，摩擦面抗滑移系数为 0.30。按《钢结构高强度螺栓连接的设计、施工及验收规程》JGJ 82—1991 设计。

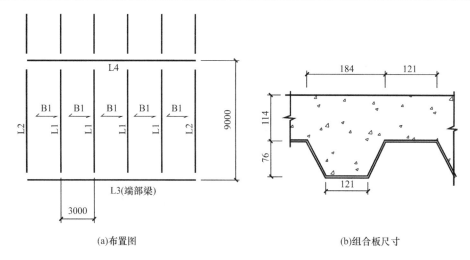

(a)布置图   (b)组合板尺寸

图 9.15 连接桥 3 层组合楼盖简图

9.3.2 组合楼板施工阶段验算

9.3.2.1 计算简图

计算简图如图 9.16 所示。

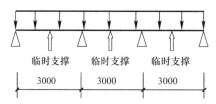

临时支撑   临时支撑   临时支撑

3000   3000   3000

图 9.16 连接桥 3 层组合楼板计算简图

9.3.2.2 荷载

荷载标准值：

    （1）楼盖钢自重 0.5kN/m^2

    （2）新浇筑钢筋混凝土 3.6kN/m^2

    （3）施工人员及设备荷载 2.5kN/m^2 或 2.5kN 集中力，取效应较大者

基本组合：$1.2\times$（1）$+1.2\times$（2）$+1.4\times$（3）

短期效应组合：（1）$+$（2）$+$（3）

    施工人员及设备荷载根据《混凝土结构工程施工及验收规范》GB 50204—1992 取值。

9.3.2.3 受弯承载力验算

若考虑均布施工人员及设备荷载：

$$p_1 = 1.2\times0.5 + 1.2\times3.6 + 1.4\times2.5 = 8.42\text{kN/m}^2$$

$$M_1 = p_1 l^2/8 = 8.42\times3^2/8 = 9.47\text{kN}\cdot\text{m/m}$$

若考虑集中施工人员及设备荷载：

$$p_2 = 1.2\times0.5 + 1.2\times3.6 = 4.92\text{kN/m}^2$$

$$F = 1.4\times2.5 = 3.5\text{kN}$$

    假定集中力作用于跨中心，将集中力折算成横向线荷载。折算线荷载根据《压型金属板设计施工规程》YBJ 216—1988，按式（9.2）计算：

$$q_{re} = \eta F / b_{pi} \tag{9.2}$$

式中，b_{pi} ＝压型钢板的波距。取 $b_{pi} = 0.305m$，$\eta = 0.5$，则：

$$q_{re} = 0.5 \times 3.5/0.305 = 5.74kN/m（沿横向分布）$$

$$M_2 = p_2 l^2/8 + q_{re} l/4 = 4.92 \times 3^2/8 + 5.74 \times 3/4 = 9.84kN \cdot m/m$$

故取 $M = \max\{M_1, M_2\} = 9.84kN \cdot m/m$。

取 1m 宽压型钢板为计算单元，压型钢板有效截面抵抗矩 $W_s = \min\{S_p, S_n\} = 29.7mm^3/mm$。

$$W_s f = 29.7 \times 205 = 6089N \cdot mm/mm = 6.09kN \cdot m/m$$

$$< M = 9.84kN \cdot m/m（不满足）$$

若考虑跨中中心设置 1 个施工临时支撑（沿板横向间距为 1m），则板跨为 1.5m：

$$M_1 = p_1 l^2/8 = 8.42 \times 1.5^2/8 = 2.37kN \cdot m/m$$

$$M_2 = p_2 l^2/8 + q_{re} l/4 = 4.92 \times 1.5^2/8 + 5.74 \times 1.5/4 = 3.54kN \cdot m/m$$

$$M = \max\{M_1, M_2\} = 3.54kN \cdot m/m < W_s f = 6.09kN \cdot m/m（满足）$$

所以，需在跨中中心点处设一施工期临时支撑（沿板横向间距为 1m），或将施工荷载减小到 1.5kN/m²。

9.3.2.4 挠度验算

压型钢板按双跨连续板考虑，取 1m 宽压型钢板为计算单元，若考虑均布施工人员及设备荷载：

$$p_{1k} = 0.5 + 3.6 + 2.5 = 6.60kN/m^2$$

$$[w] = \min\{l/180, 20mm\} = 16.67mm$$

根据《钢-混凝土组合楼盖结构设计与施工规程》YB 9238—1992 之公式 4.1.1-3：

$$w_s = \frac{p_{1k} l^4}{185 EI_s} = \frac{6.6 \times 3000^4}{185 \times 206 \times 10^3 \times 1281 \times 1000} = 10.95mm < [w]（满足）$$

若考虑集中施工人员及设备荷载，按一端简支一端固定单跨梁考虑：

$$p_{2k} = 0.5 + 3.6 = 4.10kN/m^2$$

$$F_k = 2.5kN$$

$$q_{re} = 0.5 \times 2.5/0.305 = 4.10kN/m（沿横向分布）$$

$$w = \frac{0.00542 p_{2k} l^4 + 0.00932 q_{re} l^3}{EI_s}$$

$$= \frac{0.00542 \times 4.1 \times 3000^4 + 0.00932 \times 4.1 \times 1000 \times 3000^3}{206 \times 10^3 \times 1281 \times 1000}$$

$$= 10.73mm < [w]（满足）$$

9.3.3 组合楼盖使用阶段验算

9.3.3.1 荷载

荷载标准值为：

（1）楼盖钢自重　　　　　0.5kN/m²

（2）钢筋混凝土　　　　　3.6kN/m²

（3）花岗岩楼面　　　　　1.4kN/m²

（4）悬挂荷载　　　　　　　　　　　$1.0\mathrm{kN/m^2}$

（5）活载　　　　　　　　　　　　　$3.5\mathrm{kN/m^2}$

承载能力验算荷载组合：1.2（（1）＋（2）＋（3）＋（4））＋1.4（5）

短期效应组合：（1）＋（2）＋（3）＋（4）＋（5）

长期效应组合：（1）＋（2）＋（3）＋（4）＋0.5（5）

9.3.3.2　承载能力极限状态验算

1. 内力计算

板上荷载：

$$p = 1.2 \times (0.5 + 3.6 + 1.4 + 1.0) + 1.4 \times 3.5$$
$$= 12.70\mathrm{kN/m^2}$$

跨中弯矩按单跨简支单向板计算：$M = pl^2/8 = 12.70 \times 3^2/8 = 14.29\mathrm{kN \cdot m/m}$

支座弯矩按单跨一端简支一端嵌固单向板计算，并作 20% 调幅：

$$M_1 = 0.8pl^2/8 = 0.8 \times 12.70 \times 3^2/8 = 11.43\mathrm{kN \cdot m/m}$$

剪力：$V = pl/2 = 12.70 \times 3/2 = 19.05\mathrm{kN/m}$

2. 跨中受弯承载力验算

取一个波距组合楼板为计算单元，压型钢板面积：

$$A_s = 0.9 \times (121 + 121 + 2 \times \sqrt{76^2 + 31.5^2}) = 366\mathrm{mm^2}$$

$$\because A_s f = 366 \times 205 = 75.03 \times 10^3\,\mathrm{N}$$

组合楼板有效高度 $h_0 = h - h_s/2 = (114 + 76) - 76/2 = 190 - 38 = 152\mathrm{mm}$

$$f_{cm}h_cb = 19 \times 114 \times 305 = 660.06 \times 10^3\,\mathrm{N}$$

$\therefore A_s f < f_{cm}h_0 b$，塑性中和轴在压型钢板上翼缘以上的混凝土内。

$$X_{cc} = A_s f/(f_{cm}b) = 75.03 \times 10^3/(19 \times 305) = 12.95\mathrm{mm}$$

$$Y = h_0 - (X_{cc}/2) = 152 - (12.95/2) = 145.53\mathrm{mm}$$

$$0.8f_{cm}X_{cc}bY = 0.8 \times 19 \times 12.95 \times 305 \times 145.53 = 8.74 \times 10^6\,\mathrm{N \cdot mm}$$

$$> M' = 14.29 \times 0.305 = 4.36\mathrm{kN \cdot m}(满足)$$

3. 支座受弯承载力验算

取一个波距组合楼板为计算单元，近似按单筋倒 T 形截面计算，不考虑压型钢板和受压钢筋。肋宽 b 取最小波宽（114mm），翼缘宽度 $b_f = 305\mathrm{mm}$，肋高 $h_w = 76\mathrm{mm}$，翼缘厚度 $h_f = 114\mathrm{mm}$，支座负筋截面积 $A_s = 102.28\mathrm{mm}$。

$$\because A_s f_y = 102.28 \times 210 = 21.48 \times 10^3\,\mathrm{N}$$

$$f_{cm}bh_w = 19 \times 121 \times 76 = 174.72 \times 10^3\,\mathrm{N}$$

$\therefore A_s f_y < f_{cm}bh_w$，塑性中和轴在肋中。

$$x = \frac{A_s f_y}{f_{cm}b} = \frac{102.28 \times 210}{19 \times 121} = 9.34\mathrm{mm}$$

$$A_s f_y(h_0 - 0.5x) = 102.28 \times 210 \times (170 - 0.5 \times 9.34)$$
$$= 3.55 \times 10^6\,\mathrm{N \cdot mm} = 3.55\mathrm{kN \cdot m}$$
$$> M'_1 = 11.43 \times 0.305 = 3.49\mathrm{kN \cdot m}(满足)$$

4. 纵向受剪承载力验算

（1）无抗剪压痕楼承板方案（试算）

无抗剪压痕楼承板纵向抗剪能力根据《钢-混凝土组合楼盖结构设计与施工规程》YB 9238—1992 按式（9.3）验算：

$$V_f \leqslant V_u = \alpha_0 - \alpha_1 L_v + \alpha_2 W_r h_0 + \alpha_3 t \tag{9.3}$$

式中　　L_v——组合板剪跨（mm）；

　　　　W_r——组合板平均肋宽（mm）；

　　　　t——压型钢板厚度（mm）；

　　　　V_u——组合板抗剪能力（kN/m）；

　　　　V_f——组合板的纵向剪力设计值（kN/m）；

　　$\alpha_0 \sim \alpha_3$——剪力粘结系数（由试验确定）。

连接桥组合板取 1m 宽计算单元，纵向剪力设计值：

$$V_f = A_s f = 366 \times 1000/305 \times 0.8 \times 205 = 196.8 \times 10^3 \, \text{N}$$

对于光面楼承板，可取 $\alpha_0 = 78.142$，$\alpha_1 = 0.0981$，$\alpha_2 = 0.0036$，$\alpha_3 = 38.625$；均布荷载作用下组合板剪跨 $L_v = l/4 = 3000/4 = 750 \, \text{mm}$；组合板平均肋宽 $W_r = 153 \, \text{mm}$。

$$V_u = 78.142 - 0.0981 \times 750 + 0.0036 \times 153 \times 152 + 38.625 \times 0.9$$
$$= 123.05 \times 10^3 \, \text{N/m} < V_f (\text{不满足})$$

所以，不能采用无抗剪压痕楼承板，需采用有抗剪压痕楼承板。

（2）有抗剪压痕楼承板方案

参照美国标准《Standard for the Structural Design of Composite Slabs》ASCE 3-91 的 M. I. Porter 公式[17]，纵向抗剪能力验算时组合楼板受剪极限承载力按式（9.4）计算：

$$V_u = \varphi \Big[b h_0 \Big(\frac{m \rho h_0}{L_v} + k \sqrt{f_c} \Big) + \frac{\gamma g_k l}{2} \Big] \tag{9.4}$$

式中　　φ——强度折减系数，$\varphi = 0.75$；

　　　　h_0——组合板有效高度，即压型钢板截面重心轴至混凝土受压区最外边缘之间的距离；

　　　　L_v——剪跨，对于均布荷载，$L_v = l/4$；

　　　　b——组合板计算宽度；

　　　　ρ——含钢率，$\rho = A_s/bd$；

　　　　A_s——计算宽度 b 内，压型钢板的截面面积；

　　　　f_c——混凝土轴心抗压强度设计值；

　　　　g_k——组合楼板自重（混凝土和压型钢板自重之和）；

　　　　γ——拆除支撑后增加的恒载比例系数（临时支撑影响系数）。施工阶段压型钢板上面混凝土和施工活载全部由临时支撑承受，$\gamma = 1.0$；无临时支撑时，$\gamma = 0$；仅中间有临时支撑时，$\gamma = 0.625$；中间有两个临时支撑（位于三分点）时，$\gamma = 0.733$；

　　　　l——简支组合板的跨度；

　　　m, k——剪力粘结系数。

剪力粘结系数 m 和 k 需要通过试验确定，参照宝冶 U76 压型钢板-混凝土组合楼板纵向抗剪承载力试验的结果[17]，$m = 256.58$，$k = 0.0156$。

对于连接桥 3 层组合压型钢板，取一个波距为计算单元（$b = 305 \, \text{mm}$），不考虑临时支撑影响：

$$\rho = \frac{366}{305 \times 152} = 0.0079$$

$$g_k = (0.5 + 3.6 + 1.4) \times 0.305 = 1.678 \text{kN/m}$$

$$V_u = 0.75 \times \left[305 \times 152 \times \left(\frac{256.58 \times 0.0079 \times 152}{750} + 0.0156 \times \sqrt{17.5} \right) + 0 \right]$$

$$= 16553 \text{N} > V = 19.05 \times 10^3 \times 0.305 = 5810 \text{N}(\text{满足})$$

5. 斜截面受剪承载力验算

$$0.07 f_c W_r h_0 = 0.07 \times 17.5 \times 153 \times 152 = 28.49 \times 10^3 \text{N} > V = 19.05 \text{kN}(\text{满足})$$

9.3.3.3　正常使用极限状态验算

1. 挠度验算

本节挠度根据文献 [16] 提供的方法进行计算，截面计算参数根据文献 [19] 之表 1-5 进行计算。

板上荷载短期组合值：

$$p_s = 0.5 + 3.6 + 1.4 + 1.0 + 3.5 = 10 \text{kN/m}^2$$

板上荷载长期组合值：

$$p_s = 0.5 + 3.6 + 1.4 + 1.0 + 0.5 \times 3.5 = 8.25 \text{kN/m}^2$$

混凝土截面面积：

$$A_c = Bd + h(b + C)/2 = 305 \times 114 + 76 \times (184 + 121)/2$$
$$= 46360 \text{mm}^2/1 \text{ 个波} = 152 \times 10^3 \text{mm}^2/\text{m}$$

组合板受压边缘至混凝土重心距离：

$$h'_c = y_1 = \frac{3d(Bd + bh + Ch)}{6Bd + 3h(b + C)} + \frac{h^2(b + 2C)}{6Bd + 3h(b + C)}$$

$$= \frac{3 \times 114 \times (305 \times 114 + 184 \times 76 + 121 \times 76)}{6 \times 305 \times 114 + 3 \times 76 \times (184 + 121)}$$

$$+ \frac{76^2 \times (184 + 2 \times 121)}{6 \times 305 \times 114 + 3 \times 76 \times (184 + 121)}$$

$$= 80.1 \text{mm}$$

混凝土对其中和轴惯性矩：

$$I_c = \frac{1}{12} \left[4Bd^3 + (b + 3C)h^3 \right] - \left[Bd + \frac{h}{2}(b + C) \right](y_1 - d)^2$$

$$= \frac{1}{12} \left[4 \times 305 \times 114^3 + (184 + 3 \times 121) \times 76^3 \right]$$

$$+ \left[305 \times 114 + \frac{76}{2}(184 + 121) \right] \times (80.1 - 114)^2$$

$$- 223.9 \times 10^6 \text{mm}^4/1 \text{ 个波} = 734.1 \times 10^6 \text{mm}^4/\text{m}$$

压型钢板对其中和轴惯性矩 $I_s = I_p = 1281 \times 10^3 \text{mm}^4/\text{m}$

全截面有效时组合板中和轴至受压区边缘的距离：

$$x'_n = \frac{A_c h'_c + n A_s h_0}{A_c + n A_s}$$

其中，$n = \dfrac{E_s}{E_c} = \dfrac{206000}{3.15 \times 10^4} = 6.54$

$$x'_n = \frac{152 \times 10^3 \times 80.1 + 6.54 \times 1340 \times 152}{152 \times 10^3 + 6.54 \times 1340} = 84.02 \text{mm}$$

短期效应组合时等效截面惯性矩：

$$\begin{aligned}
I_{sh} &= \frac{1}{n}[I_c + A_c (x'_n - h'_c)^2] + I_s + A_s (h_0 - x'_n)^2 \\
&= \frac{1}{6.54}[734.1 \times 10^6 + 152 \times 10^3 \times (84.02 - 80.1)^2] \\
&\quad + 1281 \times 10^3 + 1340 \times (152 - 84.02)^2 \\
&= 120.08 \times 10^6 \text{mm}^4/\text{m}
\end{aligned}$$

长期效应组合时等效截面惯性矩：

$$\begin{aligned}
I_l &= \frac{1}{2n}[I_c + A_c (x'_n - h'_c)^2] + I_s + A_s (h_0 - x'_n)^2 \\
&= \frac{1}{2 \times 6.54}[734.1 \times 10^6 + 152 \times 10^3 \times (84.02 - 80.1)^2] \\
&\quad + 1281 \times 10^3 + 1340 \times (152 - 84.02)^2 \\
&= 63.78 \times 10^6 \text{mm}^4/\text{m}
\end{aligned}$$

短期效应组合挠度：

$$\begin{aligned}
w_s &= \frac{5}{384} \cdot \frac{p_s l^4}{E_s I_{sh}} = \frac{5}{384} \times \frac{10 \times 3000^4}{206000 \times 120.08 \times 10^6} \\
&= 0.43 \text{mm} < [w] = l/360 = 8.33 \text{mm}(满足)
\end{aligned}$$

长期效应组合挠度：

$$\begin{aligned}
w_l &= \frac{5}{384} \cdot \frac{p_l l^4}{E_s I_l} = \frac{5}{384} \times \frac{8.25 \times 3000^4}{206000 \times 63.78 \times 10^6} \\
&= 0.66 \text{mm} < [w] = l/360 = 8.33 \text{mm}(满足)
\end{aligned}$$

2. 自振频率验算

永久荷载标准值 $g_k = 0.5 + 3.6 + 1.4 = 5.5 \text{kN/m}^2$

$$w = \frac{5}{384} \cdot \frac{g_k l^4}{E_s I_{sh}} = \frac{5}{384} \times \frac{5.5 \times 3000^4}{206000 \times 120.08 \times 10^6} = 0.235 \text{mm} = 0.0235 \text{cm}$$

$$f_q = \frac{1}{0.178\sqrt{w}} = \frac{1}{0.178 \times \sqrt{0.0235}} = 36.65 \text{Hz} > 15 \text{Hz}(满足)$$

3. 支座负弯矩作用下裂缝宽度验算

取一个波距组合楼板为计算单元，近似按倒 T 形截面计算，截面参数详见 9.3.3.2 第 3 点。

$$M_s = 0.8 \times \frac{1}{8} p_s l^2 b_f = 0.8 \times \frac{1}{8} \times 10 \times 3^2 \times 0.305 = 2.75 \text{kN} \cdot \text{m}$$

$$\begin{aligned}
A_{te} &= 0.5bh + (b_f - b)h_f = 0.5 \times 121 \times 190 \\
&\quad + (305 - 121) \times 114 = 32.47 \times 10^3 \text{mm}^2
\end{aligned}$$

$$\rho_{te} = \frac{A_s}{A_{te}} = \frac{102.28}{32.47 \times 10^3} = 3.15 \times 10^{-3} < 0.01 \text{，取} \rho_{te} = 0.01$$

$$\sigma_{ss} = \frac{M_s}{0.87 h_0 A_s} = \frac{2.75 \times 10^6}{0.87 \times 170 \times 102.28} = 181.79 \text{N/mm}^2$$

$$\psi = 1.1 - \frac{0.65 f_{tk}}{\rho_{te}\sigma_{ss}} = 1.1 - \frac{0.65 \times 2.25}{0.01 \times 181.79} = 0.296$$

$$w_{max} = \alpha_{cr}\psi\frac{\sigma_{ss}}{E_s}\left(2.7c + 0.1\frac{d}{\rho_{te}}\right)\upsilon$$

$$= 2.1 \times 0.296 \times \frac{181.79}{2.1 \times 10^5}\left(2.7 \times 15 + 0.1 \times \frac{8}{0.01}\right) \times 1.0$$

$$= 0.06mm < [w] = 0.3mm(满足)$$

9.3.4 组合梁 L1、L2 截面特征计算

9.3.4.1 几何尺寸

组合梁 L1、L2 截面几何尺寸如图 9.17 所示，翼缘有效宽度取 $b_e = 400$ mm：

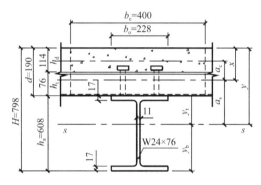

图 9.17 组合梁 L1 和 L2 尺寸

钢梁截面积：$A = 14448mm^2$

钢梁中和轴至钢梁顶面、底面距离：$y_t = y_b = h_a/2 = 304mm$

钢梁截面惯性矩：$I = 0.87402 \times 10^9 mm^4$

钢梁上、下翼缘的弹性抵抗矩：$W_1 = W_2 = 2.8864 \times 10^6 mm^3$

9.3.5 组合梁 L1、L2 施工阶段验算

施工阶段验算采用弹性理论计算方法。

9.3.5.1 短期效应组合的组合截面特征

钢与混凝土弹性模量比：

$$\alpha_E = E/E_c = 206000/31500 = 6.54$$

混混凝土板的截面面积为：

$$A_c = b_e h_d = 400 \times 114 = 45600mm^2$$

换算成钢截面的组合截面面积为：

$$A_0 = A_c/\alpha_E + A = 45600/6.54 + 14448 = 21420mm^2$$

混凝土顶面至钢梁截面中和轴的距离为：

$$y = H - y_b = 798 - 304 = 494mm$$

混凝土顶面至组合截面中和轴的距离为：

$$x = \frac{\frac{b_e h_d^2}{2\alpha_e} + Ay}{A_0} = \frac{\frac{400 \times 114^2}{2 \times 6.54} + 14448 \times 494}{21420} = 352\text{mm}$$

混凝土板的截面惯性矩为:

$$I_c = b_e h_d^3 / 12 = 400 \times 114^3 / 12 = 49.38 \times 10^6 \text{mm}$$

换算成钢截面的组合截面惯性矩为:

$$I_0 = \frac{I_c}{\alpha_E} + \frac{A_c}{\alpha_E}(x - 0.5h_d)^2 + I + A(y - x)^2$$

$$= \frac{49.38 \times 10^6}{6.54} + \frac{45600}{6.54}(352 - 0.5 \times 114)^2$$

$$+ 0.87402 \times 10^9 + 14448 \times (494 - 352)^2$$

$$= 1.77968 \times 10^9 \text{mm}^4$$

9.3.5.2　长期效应组合的组合截面特征

换算成钢截面的组合截面为:

$$A_0^l = \frac{A_c}{2\alpha_E} + A = \frac{45600}{2 \times 6.54} + 14448 = 17934\text{mm}^2$$

混凝土板顶面至组合截面中和轴的距离为:

$$x^l = \frac{\frac{b_e h_d^2}{4\alpha_E} + Ay}{A_0^l} = \frac{\frac{400 \times 114^2}{4 \times 6.54} + 14448 \times 494}{17934} = 409\text{mm}$$

换算成钢截面的组合截面的惯性矩为:

$$I_0^l = \frac{I_c}{2\alpha_E} + \frac{A_c}{2\alpha_E}(x^l - 0.5h_d)^2 + I + A(y - x^l)^2$$

$$= \frac{49.38 \times 10^6}{2 \times 6.54} + \frac{45600}{2 \times 6.54}(409 - 0.5 \times 114)^2$$

$$+ 0.87402 \times 10^9 + 14448 \times (494 - 409)^2$$

$$= 1.4141 \times 10^9 \text{mm}^4$$

9.3.5.3　钢梁受弯承载能力验算

$$\sigma = \frac{M_I}{\gamma_x W_1} = \frac{115.12 \times 10^6}{1.05 \times 2.8864 \times 10^6} = 38\text{N/mm}^2 < f = 215\text{N/mm}^2 (满足)$$

9.3.5.4　钢梁受剪承载能力验算

$$\tau = \frac{V}{h_w t_w} = \frac{51.17 \times 10^3}{574 \times 11} = 8\text{N/mm}^2 < f_v = 125\text{N/mm}^2$$

9.3.5.5　挠度验算

短期效应组合荷载: $p_I^s = 1.13 + 6.15 + 1.88 = 9.16\text{kN/m}$

$$w = \frac{5 p_I^s l_b^4}{384 EI} = \frac{5 \times 9.16 \times 9000^4}{384 \times 206000 \times 0.87402 \times 10^9} = 4\text{mm} < [w] = \frac{l_b}{250} = 36\text{mm}(满足)$$

9.3.6　组合梁 L1、L2 使用阶段验算

使用阶段承载能力验算采用塑性理论方法,挠度验算采用弹性方法。

9.3.6.1　内力计算

钢梁自重标准值: 1.13kN/m

组合楼板传来恒载标准值：$(0.5+3.6+1.4+1.0)\times3=19.5$kN/m

组合楼板传来活载标准值：$3.5\times3=10.5$kN/m

荷载设计值：$p_{II}=1.2\times(1.13+19.5)+1.4\times10.5=39.46$kN/m

荷载短期效应组合：$p_{II}^{s}=1.13+19.5+10.5=31.13$kN/m

长期效应组合荷载：$p_{II}^{l}=1.13+19.5+0.5\times10.5=25.88$kN/m

$$M=\frac{1}{8}\times39.46\times9^2=399.53\text{kN}\cdot\text{m}$$

$$V=\frac{1}{2}\times39.46\times9=177.57\text{kN}$$

9.3.6.2 组合梁的受弯承载能力验算

中和轴的位置确定：

$$\because Af_p=14448\times0.9\times215=2.7957\times10^6\,\text{N}$$

$$b_e h_d f_{cm}=400\times114\times19=0.866\times10^6\,\text{N}$$

$\therefore Af_p>b_e h_d f_{cm}$，塑性中和轴在钢梁截面内。

确定组合梁顶面至塑性中和轴的距离，假定塑性中和轴在钢梁腹板内：

$$\because \sum X=0$$

$$\therefore b_e h_d f_{cm}+[b_0 t_f+(y-d-t_f)t_w]f_p-\{b_0 t_f+[h_a-(y-d)-t_f]t_w\}f_p=0$$

求得：

$$y=d+\frac{h_a}{2}-\frac{b_e h_d f_{cm}}{2t_w f_p}=190+\frac{608}{2}-\frac{400\times114\times19}{2\times11\times0.9\times215}=290\text{mm}$$

$\because d+t_f<y<H-t_f$

$\therefore$ 计算结果满足假定，y 为所求结果。

$$y_t=y-d=290-190=100\text{mm}$$

钢梁受拉区 $y_b=h_a-y_t=608-100=508$mm

钢梁拉应力合力点至塑性中和轴之间的距离：

$$y_c^t=\frac{b_0 t_f(y_b-t_f/2)+t_w(y_b-t_f)^2/2}{b_0 t_f+t_w(y_b-t_f)}$$

$$=\frac{228\times17\times(508-17/2)+11\times(508-17)^2/2}{228\times17+11\times(508-17)}=352\text{mm}$$

钢梁压应力合力点至塑性中和轴之间的距离：

$$y_c^c=\frac{b_0 t_f(y_t-t_f/2)+t_w(y_t-t_f)^2/2}{b_0 t_f+t_w(y_t-t_f)}$$

$$=\frac{228\times17\times(100-17/2)+11\times(100-17)^2/2}{228\times17+11\times(100-17)}=82\text{mm}$$

钢梁受拉区截面应力合力至混凝土截面应力合力之间的距离：

$$Y_1=y+y_c^t-h_d/2=290+352-114/2=585\text{mm}$$

钢梁受压区截面应力合力至钢梁受压区截面应力合力之间的距离：

$$Y_2=y_c^t+y_c^c=352+82=434\text{mm}$$

受弯承载能力：

$$A_c=0.5(A-b_e h_d f_{cm}/f_p)$$

$$= 0.5 \times \left(14448 - \frac{400 \times 114 \times 19}{0.9 \times 215} \right)$$

$$= 4985 \text{mm}^2$$

$$M_u = b_e h_d f_{cm} Y_1 + A_c f_p Y_2$$

$$= 400 \times 114 \times 19 \times 585 + 4985 \times 0.9 \times 215 \times 434$$

$$= 925.48 \times 10^6 \text{N} \cdot \text{mm} > M = 399.53 \text{kN} \cdot \text{m}(满足)$$

9.3.6.3 组合梁受剪承载能力验算

$$V_u = h_w t_w f_{vp} = 574 \times 11 \times 0.9 \times 125 = 710.33 \times 10^3 \text{N} > V = 177.57 \text{kN}(满足)$$

9.3.6.4 连接件验算

因塑性中合轴位于钢梁内，每个剪跨区段内，迭合面上的纵向剪力：

$$V_f = b_e h_d f_{cm} = 400 \times 114 \times 19 = 0.866 \times 10^6 \text{N}$$

选用 $\Phi 19$ 圆柱头焊钉，钉杆截面面积 $A_s = 284 \text{mm}^2$，根据 YB 9238—1992 第 4.2.7 条，每个焊钉的抗剪强度设计值：

$$V_s = 0.43 A_s \sqrt{E_c f_c} = 0.43 \times 284 \times \sqrt{3.15 \times 10^4 \times 17.5} = 90.67 \times 10^3 \text{N}$$

$$V_s > 0.7 A_s f_s = 0.7 \times 284 \times 200 = 39.76 \times 10^3 \text{N}$$

取 $V_s = 39.76 \text{kN}$。因压型钢板肋与钢梁垂直，根据 YB 9238—1992 第 4.2.10 条，按式（9.5）计算抗剪强度折减系数 K：

$$K = \frac{0.85}{\sqrt{n_r}} (W_r/h_a) \left[(h_s/h_a) - 1.0 \right] \leqslant 1.0 \qquad (9.5)$$

式中，压型钢板高度 $h_a = 76 \text{mm}$，焊钉焊接后的高度 $h_s = 110 \text{mm}$（焊钉底面离压型钢板顶面高度 30mm 以上）。因此：

$$K = \frac{0.85}{\sqrt{2}} (305/76) \left[(110/76) - 1.0 \right] = 1.08 > 1.0, 取 K = 1.0, 故抗剪强度设计值无需$$

折减。

每个剪跨区段内，迭合面上需配焊钉总数：

$$n = V_f/V_s = 0.866 \times 10^6/39.76 \times 10^3 = 22(个), 实配 28 个。$$

9.3.6.5 挠度验算

短期效应挠度：

$$w_s = \frac{5 p_{II}^s l^4}{384 E I_0}$$

$$= \frac{5 \times 31.13 \times 9000^4}{384 \times 206000 \times 1.77968 \times 10^9}$$

$$= 7.25 \text{mm} < [w] = l/250 = 36 \text{mm}(满足)$$

长期效应挠度：

$$w_l = \frac{5 p_{II}^l l^4}{384 E I_0^l}$$

$$= \frac{5 \times 25.88 \times 9000^4}{384 \times 206000 \times 1.4141 \times 10^9}$$

$$= 7.59 \text{mm} < [w] = l/250 = 36 \text{mm}(满足)$$

9.3.7 钢梁 L1、L2 支座节点验算

连接桥钢梁 L1 和 L2 支座节点计算简图如图 9.18 所示。

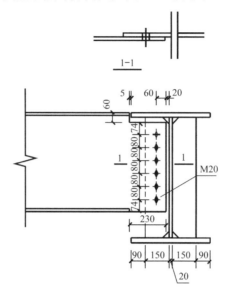

图 9.18 连接桥钢梁 L1 和 L2 支座节点简图

9.3.7.1 螺栓连接计算

选用 M20 摩擦型高强度螺栓，性能等级为 10.9s 级，螺栓孔直径为 22mm，一个高强度螺栓的受剪承载力设计值为：

$$N_v^b = kn_f\mu P = 0.9 \times 1 \times 0.30 \times 155 = 41.85 \text{kN}$$

计算高强度螺栓数量：

$$n = V/N_v^b = 177.57/41.85 = 4.2（个），取 6 个$$

9.3.7.2 连接加劲肋焊缝验算

加劲肋采用 12 厚 Q235B 钢板，支座反力作用线离主梁腹板边缘的距离 $e = 80$ mm，加劲肋与腹板连接采用双面角焊缝。仅考虑与主梁腹板的连接焊缝，长度为 $l_w = 660 - 10 = 650$mm，焊脚尺寸 $h_f = 8$mm，则：

$$\tau_v = \frac{V}{2 \times 0.7 h_f l_w} = \frac{177.57 \times 10^3}{2 \times 0.7 \times 8 \times 650} = 24.39 \text{N/mm}^2$$

$$\sigma_M = \frac{6Ve}{2 \times 0.7 h_f l_w^2} = \frac{6 \times 177.57 \times 10^3 \times 80}{2 \times 0.7 \times 8 \times 650^2} = 18.01 \text{N/mm}^2$$

$$\sigma_{fs} = \sqrt{\sigma_M^2 + \tau_v^2} = \sqrt{18.01^2 + 24.39^2} = 30.3 < f_f^w = 160 \text{N/mm}^2（满足）$$

9.4 方（矩）形管相贯节点验算

9.4.1 验算依据

参照文献[21]介绍的由国际焊接协会（IIW）和国际管结构发展与研究委员会（CI-DECT）推荐的设计公式计算。

节点内力由 STAAD 按照中国规范的荷载分项系数计算，均为设计值。

9.4.2 方（矩）形管相贯节点验算公式

9.4.2.1 基本几何参数

方（矩）形管相贯节点的基本几何参数如图 9.19 所示，弦杆的截面尺寸为 $b_0 \times h_0 \times t_0$，第 i 根腹杆的截面尺寸为 $b_i \times h_i \times t_i$。

间隙 g 或搭接 q 用下列公式计算：

$$x = \frac{e+D}{C} - (A+B)$$

$$e = C(A+B-x) - D$$

式中，当 $x > 0$，$g = x$；当 $x < 0$，$q = |x|$

$$A = \frac{h_1}{2\sin\theta_1} , B = \frac{h_2}{2\sin\theta_2}$$

$$C = \frac{\sin\theta_1 \sin\theta_2}{\sin(\theta_1 + \theta_2)} , D = \frac{h_0}{2}$$

搭接节点的搭接率为：

$$O_v = \frac{q}{p} \times 100(\%)$$

式中，$p = \frac{h_i}{\sin\theta_i}$。

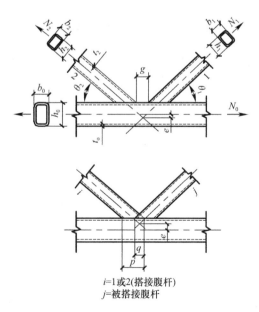

i=1或2(搭接腹杆)
j=被搭接腹杆

图 9.19　间隙与搭接节点的标准符号

9.4.2.2 焊缝承载力验算公式

按角焊缝验算，但 $\beta_f = 1.0$，焊缝有效厚度 $h_e = 0.7h_f$，焊缝有效长度按下式计算：
T、Y、X 形节点：

$$当 \beta \leqslant 0.85 \text{ 且 } \theta_i \leqslant 50°, l_w = \frac{2h_i}{\sin\theta_i} + 2b_i$$

$$\text{当}\ \beta \leqslant 0.85\ \text{且}\ \theta_i > 50°\text{、或}\ \beta > 0.85\text{，}\ l_{\mathrm{w}} = \frac{2h_i}{\sin\theta_i}$$

式中，β 为腹杆与弦杆宽度比。

K、N 形节点：

$$\text{当}\ \theta_i \geqslant 60°\text{，}\ l_{\mathrm{w}} = \frac{2h_i}{\sin\theta_i} + b_i$$

$$\text{当}\ \theta_i \leqslant 50°\text{，}\ l_{\mathrm{w}} = \frac{2h_i}{\sin\theta_i} + 2b_i$$

$$\text{如}\ 50° < \theta < 60°\text{，}\ l_{\mathrm{w}}\ \text{线性插值。}$$

9.4.2.3 节点承载力验算公式

1. T、Y、X 形节点

(1) 当 $\beta \leqslant 0.85$，弦杆表面屈服破坏模式

$$N_1^* = \frac{f_0 t_0}{(1-\beta)\sin\theta_1}\left(\frac{2\eta}{\sin\theta_1} + 4(1-\beta)^{0.5}\right)f(n) \tag{9.6}$$

式中　N_1^*——腹杆 1 节点承载力设计值；

　　　f_0——弦杆钢材强度设计值。

(2) 当 $\beta = 1.0$，弦杆侧壁失效破坏模式

$$N_1^* = \frac{f_{\mathrm{k}} t_0}{\sin\theta_1}\left(\frac{2h_1}{\sin\theta_1} + 10 t_0\right) \tag{9.7}$$

式中　f_{k}——受拉时 $f_{\mathrm{k}} = f$；受压时 $f_{\mathrm{k}} = \phi f$（T、Y 形）或 $f_{\mathrm{k}} = 0.8\phi f \sin\theta_1$（X 形），$\phi$ 按

　　　　长细比 $\lambda = 3.46(h_0/t_0 - 2)\dfrac{1}{\sqrt{\sin\theta_1}}$ 计算；

　　　ϕ——受压稳定系数，对于我国《钢结构设计规范》GBJ 17—1988 规范，热成型

　　　　方（矩）形管可按 a 类截面计算，详见式（3-1）和式（3-2）。

T、Y 形节点及 $\theta < 90°$ 的 X 形节点，尚需验算：

$$N_1^* = \frac{f_0(2h_0 t_0)}{\sqrt{3}\sin\theta_1} \tag{9.8}$$

当 $0.85 < \beta < 1.0$，N_1^* 用弦杆表面屈服与弦杆侧壁失效所得承载力线性插值。

(3) 当 $\beta > 0.85$，有效宽度破坏模式

$$N_1^* = f_1 t_1 (2h_1 - 4t_1 + 2b_{\mathrm{e}}) \tag{9.9}$$

式中　f_1——强度折减系数，$\phi = 0.75$；

　　　b_{e}——有效宽度，$b_{\mathrm{e}} = \dfrac{10}{b_0/t_0} \cdot \dfrac{t_0}{t_1} b_1 \leqslant b_1$。

(4) 当 $0.85 \leqslant \beta \leqslant (1-1/\gamma)$，冲剪破坏模式

$$N_1^* = \frac{f_0 t_0}{\sqrt{3}\sin\theta_1}\left(\frac{2h_1}{\sin\theta_1} + 2b_{\mathrm{ep}}\right) \tag{9.10}$$

2. K 形间隙节点

(1) 弦杆表面塑性失效模式

腹杆 i（$i = 1, 2$）的节点承载力为：

$$N_i^* = 8.9\frac{f_0 t_0^2}{\sin\theta_i} \cdot \frac{\bar{b}}{b_0}\gamma^{0.5}f(n) \tag{9.11}$$

（2）弦杆剪切失效模式（仅用于弦杆为矩形管时）

$$N_i^* = \frac{f_0 A_v}{\sqrt{3}\sin\theta_i} \tag{9.12}$$

$$N_{0(\text{in gap})}^* = (A_0 - A_v)f_0 + A_v f_0\left[1 - (V_f/V_p)^2\right]^{0.5} \tag{9.13}$$

（3）有效宽度失效模式（仅用于弦杆为矩形管时）

$$N_i^* = f_i t_i(2h_i - 4t_i + b_i + b_e) \tag{9.14}$$

（4）冲剪切（仅用于弦杆为矩形管时）

当 $\beta \leqslant 1 - 1/\gamma$ 时：

$$N_i^* = \frac{f_0 t_0}{\sqrt{3}\sin\theta_i}\left(\frac{2h_i}{\sin\theta_i} + b_i + b_{ep}\right) \tag{9.15}$$

3. K 形搭接节点

K 形搭接节点详见图 9.20。

（1）搭接腹杆有效宽度失效模式

当 $25\% \leqslant O_v < 50\%$ ，

$$N_i^* = f_i t_i\left[\frac{O_v}{50}(2h_i - 4t_i) + b_e + b_{e(ov)}\right] \tag{9.16}$$

当 $50\% \leqslant O_v < 80\%$ ，

$$N_i^* = f_i t_i(2h_i - 4t_i + b_e + b_{e(ov)}) \tag{9.17}$$

当 $O_v \geqslant 80\%$ ，

$$N_i^* = f_i t_i(2h_i - 4t_i + b_i + b_{e(ov)}) \tag{9.18}$$

（2）腹杆效率要求

$$\frac{N_j^*}{f_j A_j} \leqslant \frac{N_i^*}{f_i A_i} \tag{9.19}$$

当 $f_i = f_j$ 时，可化简为：

$$N_j^* \leqslant \frac{A_i}{A_i}N$$

4. KT 形搭接节点

目前尚未有现成的 KT 形搭接节点（图 9.21）承载力计算公式，笔者根据文献[21]第 13.2.6 节计算例题的计算方法归纳出以下近似验算方法。

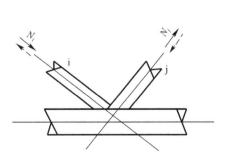

图 9.20　K 形搭接节点

注：i，$j = 1$，2，j 为被搭接杆

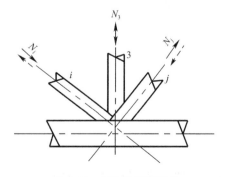

图 9.21　KT 形搭接节点

注：i，$j = 1$，2，j 为被搭接杆

（1）搭接腹杆有效宽度失效模式

搭接杆 3 的节点承载力按式（9.20）计算：

$$N_3^* = f_3 t_3 (2h_3 - 4t_3 + b_{e(ov)1} + b_{e(ov)2})$$

$$b_{e(ov)1} = \frac{10 f_1 t_1}{b_1 / t_1 f_3 t_3} b_3 \leqslant b_3 \tag{9.20}$$

$$b_{e(ov)2} = \frac{10 f_2 t_2}{b_2 / t_2 f_3 t_3} b_3 \leqslant b_3$$

（2）被搭接腹杆效率要求

$$\frac{N_j^*}{f_j A_j} \leqslant \frac{N_i^*}{f_i A_i} \ , \ \frac{N_1^*}{f_1 A_1} \leqslant \frac{N_3^*}{f_3 A_3} \ , \ \frac{N_2^*}{f_2 A_2} \leqslant \frac{N_3^*}{f_3 A_3} \tag{9.21}$$

当 $f_1 = f_2 = f_3$ 时，可化简为：

$$N_j^* \leqslant \frac{A_j}{A_i} N_i^* \quad N_1^* \leqslant \frac{A_1}{A_3} N_3^* \ , \ N_2^* \leqslant \frac{A_2}{A_3} N_3^*$$

5. 多平面相贯焊接节点

对于 TT 形、XX 形、KK 形的多平面相贯焊接节点，节点承载力考虑修改系数 0.9。对于 KK 形间隙节点，需要再校核：

$$\left(\frac{N_{0(gap)}}{A_0 f_0} \right)^2 + \left(\frac{V_f}{A_0 f_0 / \sqrt{3}} \right)^2 \leqslant 1.0 \tag{9.22}$$

式中，V_f 为弦杆上从两平面传来的总剪力。

6. 函数和变量定义

$$f(n) = \begin{cases} 1.0 (n \geqslant 0, 受拉) \\ 1.3 + \dfrac{0.4}{\beta} n \leqslant 1.0 (n < 0, 受压) \end{cases}$$

$$f(n) \leqslant 1.0$$

$$n = \frac{N_0}{A_0 f_0} \ , \ \gamma = \frac{b_0}{2t_0}$$

$$\overline{b} = \frac{b_1 + b_2 + h_1 + h_2}{4}$$

$$b_e = \frac{10 f_{y0} t_0}{b_0 / t_0 f_{yi} t_i} b_i \leqslant b_i \ , \ b_{ep} = \frac{10}{b_0 / t_0} b_i \leqslant b_i \ , \ b_{(ov)} = \frac{10 f_{yj} t_j}{b_j / t_j f_{y_i} t_i} b_i \leqslant b_i$$

式中，下标 i 表示某搭接腹杆，下标 j 表示某被搭接腹杆。

$$V_p = \frac{f_{y0} A_v}{\sqrt{3}} \ , \ \alpha = \left(\frac{1}{1 + \dfrac{4g^2}{3t_0^2}} \right)^{0.5}$$

对于方管和矩形管腹杆：$A_v = (2h_0 + \alpha b_0) t_0$

7. 参数限值

K 形间隙节点承载力公式中的参数应满足：

$$0.5(1 - \beta) \leqslant \frac{g}{b_0} \leqslant 1.5(1 - \beta) \ , \ g \geqslant t_1 + t_2$$

式中，g 取两根受力较大且反号腹杆间最大间隙。

$$\beta \geqslant 0.1 + 0.01 \frac{b_0}{t_0} \ , \ \beta \geqslant 0.35$$

$$0.5 \leqslant \frac{h_i}{b_i} \leqslant 2$$

$$\frac{b_i}{t_i} \leqslant \frac{525}{\sqrt{f_y}} \text{(受压)}, b_i/t_i \leqslant 35$$

$$15 \leqslant \frac{b_0}{t_0} \leqslant 35 \ , \ 15 \leqslant \frac{h_0}{t_0} \leqslant 35$$

较小 $b_i \geqslant 0.63$ 较大 b_i

$$-0.55 \leqslant \frac{e}{h_0} \leqslant 0.25$$

9.4.3　连接桥典型方（矩）形管相贯节点验算

9.4.3.1　概述

钢管均采用 S355J2H 热成型钢管，$f_y = 355$MPa。考虑到《钢结构设计规范》GB 50017—2003 将矩形管相贯节点承载力计算的总安全系数定为 1.7，因此计算相贯节点承载力时，设计强度需乘系数 $1.41/1.7 = 0.83$。所以，$f = 0.83f_y/\gamma_f = 0.83 \times 355/1.1 = 268$MPa。

以下验算仅包含节点承载力验算内容，未包含焊缝承载力验算内容及参数限值验算，用"满足"表示满足规范或安全要求。

9.4.3.2　T 形节点之一

（1）计算参数

$b_0 \times h_0 \times t_0 = 400 \times 400 \times 20$mm，$b_1 \times h_1 \times t_1 = 400 \times 400 \times 12$mm，$\theta_1 = 90°$，$N_1 = 1821$kN（拉）。$\beta = 1.0$

（2）弦杆侧壁失效模式验算

$$N_1^* = \frac{268 \times (2 \times 400 \times 20)}{\sqrt{3}\sin90°} = 2476 \times 10^3\text{N} > N_1\text{（满足）}$$

$$N_1^* = \frac{268 \times 20}{\sin90°} \times \left(\frac{2 \times 400}{\sin90°} + 10 \times 20\right) = 5360 \times 10^3\text{N} > N_1\text{（满足）}$$

（3）有效宽度失效模式验算

$$b_e = \frac{10}{400/20} \times \frac{20}{12} \times 400 = 333\text{mm}$$

$$N_1^* = 250 \times 12 \times (2 \times 400 - 4 \times 12 + 2 \times 333) = 4254 \times 10^3\text{N} > N_1\text{（满足）}$$

9.4.3.3　T 形节点之二

（1）计算参数

$b_0 \times h_0 \times t_0 = 400 \times 400 \times 20$mm，$b_1 \times h_1 \times t_1 = 400 \times 400 \times 12$mm，$\theta_1 = 83.2°$，$N_1 = 477$kN（压）。$\beta = 1.0$

（2）弦杆侧壁失效模式验算

$$\lambda = 3.46 \times (400/20 - 2) \frac{1}{\sqrt{\sin83.2°}} = 62.5$$

$$\bar{\lambda} = \frac{62.5}{\pi}\sqrt{\frac{275}{206 \times 10^3}} = 0.727$$

$$\varphi = \frac{1}{2 \times 0.727^2}\Big[(0.986 + 0.152 \times 0.727 + 0.727^2)$$

$$- \sqrt{(0.986 + 0.152 \times 0.727 + 0.727^2)^2 - 4 \times 0.727^2}\Big]$$

$$= 0.851$$

$$f_k = 0.851 \times 268 = 228.07 \text{MPa}$$

$$N_1^* = \frac{228.07 \times 20}{\sin 83.2°}\left(\frac{2 \times 400}{\sin 83.2°} + 10 \times 20\right) = 4620 \times 10^3 \text{N} > N_1 (满足)$$

$$N_1^* = \frac{268 \times (2 \times 400 \times 20)}{\sqrt{3} \sin 83.2°} = 2493 \times 10^3 \text{N} > N_1$$

（3）有效宽度失效模式验算

$$b_e = \frac{10}{400/20} \times \frac{20}{12} \times 400 = 333 \text{mm}$$

$$N_1^* = 250 \times 12 \times (2 \times 400 - 4 \times 12 + 2 \times 333) = 4254 \times 10^3 \text{N} > N_1 (满足)$$

9.4.3.4　KT 搭接形节点之一

（1）计算参数

各杆截面均为 $400 \times 400 \times 12$mm（但 $b_3 \times h_3 \times t_3 = 400 \times 400 \times 20$mm），$A_1 = A_2 = 18624$mm^2，$A_3 = 30400$mm^2，$N_1 = 275$kN（压），$N_2 = 1100$kN（拉），$N_3 = 674$kN（压）。

（2）搭接腹杆有效宽度失效模式验算

$$b_{e(ov)1} = \frac{10 \times 12}{400/12 \times 20} \times 400 = 72 \text{mm}$$

$$b_{e(ov)2} = \frac{10 \times 12}{400/12 \times 20} \times 400 = 72 \text{mm}$$

$$N_3^* = 268 \times 20 \times (2 \times 400 - 4 \times 20 + 72 + 72) = 4631 \times 10^3 \text{N} > N_3 (满足)$$

（3）被搭接腹杆效率验算

$$N_1^* \leqslant \frac{A_1}{A_3} N_3^* = \frac{18624}{30400} \times 4631 = 2837 \text{kN} > N_1 (满足)$$

$$N_2^* \leqslant \frac{A_2}{A_3} N_3^* = \frac{18624}{30400} \times 4631 = 2837 \text{kN} > N_2 (满足)$$

9.4.3.5　KT 搭接形节点之二

（1）计算参数

$i = 2$，$j = 1$，$b_0 \times h_0 \times t_0 = 400 \times 400 \times 22$mm，$b_1 \times h_1 \times t_1 = 400 \times 400 \times 25$mm，$b_2 \times h_2 \times t_2 = 400 \times 400 \times 12$mm，$b_3 \times h_3 \times t_3 = 400 \times 400 \times 12$mm，$A_1 = 37500$mm^2，$A_2 = A_3 = 18624$mm^2，$N_1 = 3073$kN（压），$N_2 = 2221$kN（拉），$N_3 = 780$kN（拉）。

（2）搭接腹杆有效宽度失效模式验算

$$b_{e(ov)1} = \frac{10 \times 25}{400/25 \times 12} \times 400 = 521 > 400 \text{mm}，取 b_{e(ov)1} = 400 \text{mm}。$$

$$b_{e(ov)2} = \frac{10 \times 12}{400/12 \times 12} \times 400 = 120 \text{mm}$$

$$N_3^* = 268 \times 12 \times (2 \times 400 - 4 \times 12 + 400 + 120) = 4091 \times 10^3 \text{N} > N_3 (满足)$$

（3）被搭接腹杆效率验算

$$N_1^* \leqslant \frac{A_1}{A_3}N_3^* = \frac{37500}{18624} \times 4091 = 8237\text{kN} > N_1\text{（满足）}$$

$$N_2^* \leqslant \frac{A_2}{A_3}N_3^* = 4091\text{kN} > N_2\text{（满足）}$$

9.5 钢结构设计经济指标

连接桥主体钢结构型钢（含屋面压型钢板檩条）总用量为 4117t，其中方（矩）形管 2032t，热轧 H 型钢及热轧角钢 443t，钢板（包括焊接 H 型钢）1642t。平均每座桥用钢量为 1029t/座。

连接桥楼盖压型钢板（楼承板）总用钢量为 40t，楼盖压型钢板平均用钢量为 11kg/m^2。

10 膜结构设计

10.1 概况

白云机场 T1 航站楼工程的主楼采光天窗、连接楼采光天窗、雨篷等部位采用骨架支承式膜结构。一期工程初步设计阶段，由美国 BIRDAIR 公司负责膜结构专项配合，一期工程施工图阶段，由德国 SKYSPAN 公司负责专项膜结构深化设计和施工。一期扩建工程由上海太阳膜公司配合设计和施工。

膜结构计算软件采用 ANSYS、EASY 及膜结构专业公司自行编制的专用软件。T1 航站楼的膜仅起围护构件作用，膜结构可与主体结构分开计算，膜结构计算得到的支座反力作为外力施加到主体结构上进行主体结构分析。

10.2 材料

10.2.1 膜材

一期工程膜材采用 Firetop C1008-01 EC6 PTFE 涂层玻璃纤维膜，膜厚 0.8mm，自重 1.4kg/m²，其力学参数如下：

极限抗拉强度：经向	7004N/5cm	$=140$kN/m
纬向	6129N/5cm	$=122.6$kN/m
经向（Warp Direction）刚度：	EAW	$=2972$kN/m
纬向（Fill Direction）刚度：	EAF	$=1486$kN/m
截面刚度：	$EAWF$	$=742$kN/m
剪切刚度：	G	$=13$kN/m

计算中，采用以下截面模量：

$$\text{E-warp}=EAW\times EAF-EAWF^2/EAF=2602\text{kN/m}$$

$$\text{E-fill}=EAW\times EAF-EAWF^2/EAW=1301\text{kN/m}$$

泊松比取 $\mu=EAW/EAF=0.5$

一期扩建工程连接楼采光天窗采用双层膜结构，连接楼采光天窗外膜、张拉膜雨篷膜材采用 PTFE 涂层的玻璃纤维布。膜材满足《膜结构技术规程》CECS158：2004 的要求，膜材类别为 G 类，代号为 GT，级别为 B 级，基材厚度 0.8mm。经向抗拉强度≥4400N/3cm，纬向抗拉强度≥3500N/3cm。

10.2.2 拉索

一期工程拉索采用满足德国标准 DIN 3054 的单股多层钢索，极限抗拉强度为

1770MPa，钢丝为热浸镀锌钢丝。

一期扩建工程拉索采用满足《斜拉桥热挤塑乙烯高强钢丝拉索技术条件》GB/T 18365—2001、《建筑缆索用钢丝》CJ 3077—1998、《建筑缆索用高密度聚乙烯塑料》CJ/T 3078—1998 的单层或双层（双层用于外露部位）护层高强度镀锌半平行钢丝索缆索（f_{ptk}＝1670MPa）。

10.3 设计准则

10.3.1 设计准则的选择

目前国内外的结构设计规范很多采用以概率论为基础的一次二阶矩极限状态设计方法，此方法为近似的概率设计方法，忽略或简化了基本变量随时间变化的关系，将一些复杂关系进行了线性化。对于具有"软化"特性的非线性材料（例如，钢材的屈服和塑性变形或混凝土开裂）结构，常规极限状态设计方法是既安全又准确的，但是对于张拉结构这种呈现明显几何非线性，尤其是具有应力刚度效应的结构，常规极限状态设计方法并不太合适，容许应力法仍是目前膜结构设计中使用较多的设计方法[22]。主要原因是：1）结构的最终几何形状依赖于荷载的大小和分布，当荷载分布为非均匀分布时，几何形状变化很大；2）膜材的极限抗拉强度变异性很大，受材性变异、撕裂强度、材料老化、安装时局部损伤等多种因素影响。

机场一期工程膜结构的索和膜采用容许应力法验算。

10.3.2 膜验算

参照德国 20～30 年来的膜结构设计经验，膜的设计采用的容许应力法。该经验结合了德国标准《气承结构 结构设计、建造和操作》DIN 4134[23] 和 Minte 的博士学位论文 "Mechanical Behaviour of connections of coated fabrics"[24]，膜容许应力按式（10.1）计算：

$$[S]=\frac{f_{tk}}{\gamma_f \cdot A_0 \cdot A_1 \cdot A_2 \cdot A_3 \cdot A_4 \cdot A_5} \tag{10.1}$$

式中　$[S]$——膜容许应力；

　　　f_{tk}——膜极限抗拉强度；

　　　γ_f——荷载系数，对于基本组合取 1.5，对于偶然组合取 1.0；

　　　A_0——考虑双向受力的折减系数；

　　　A_1——考虑长期效应的折减系数；

　　　A_2——考虑污染和老化的折减系数；

　　　A_3——考虑高温的折减系数；

　　　A_4——考虑质量差异的折减系数；

　　　A_5——考虑连接构造的折减系数。

式（10.1）还有四系数版本，详见文献 [22]，四系数版本只使用 $A_0 \sim A_3$ 四个折减系数。尽管两个版本公式系数数量不同，系数取值也不尽相同，但是考虑的因素大致相同。

据此，对于可算得各种条件下的膜允许应力，例如，拼缝处膜材容许应力如表 10.1 所示。

拼缝处膜材容许应力		表 10.1
	经向（kN/m）	纬向（kN/m）
膜材极限抗拉强度	140	122.6
基本组合膜材容许应力（无风）	31.9	28.0
偶然组合膜材容许应力（有风）	71.0	62.2

10.3.3 索验算

索的验算参照德国标准《Structural steelwork-Design and construction》DIN 18800-1—1990[25]。索的截面面积按式（10.2）计算：

$$A_\mathrm{m} = \frac{\pi d^2}{4} f \tag{10.2}$$

式中，f 为填充系数，按 DIN 1880-1—1990 表 10 取值；d 为钢丝绳或钢丝束直径。

计算所得的断裂荷载可按式（10.3）计算：

$$cal Z_\mathrm{B,k} = A_\mathrm{m} \cdot f_\mathrm{u,k} \cdot k_\mathrm{s} \cdot k_\mathrm{e} \tag{10.3}$$

式中　A_m——金属截面面积；

$f_\mathrm{u,k}$——钢丝或钢丝束极限抗拉强度特征值；

k_s——绞线系数，按 DIN 1880-1—1990 表 23 取值；

k_e——损耗系数，按 DIN 1880-1—1990 表 24 取值。

索的容许拉力按式（10.4）计算：

$$[Z_\mathrm{R}] = \frac{Z_\mathrm{B,k}}{1.5 \gamma_\mathrm{M} \gamma_\mathrm{f}} \tag{10.4}$$

式中，γ_M 为材料分项系数，取 1.1；γ_f 为荷载系数，对于基本组合取 1.5，对于偶然组合取 1.0。

10.4　主楼采光天窗

10.4.1 计算模型

主楼采光天窗的膜结构共有 38 幅，由于屋面为双轴对称，只需计算其中的 10 幅，如图 10.1 所示。

采用 ANSYS 软件进行非线性计算，计算模型由 8022 个三节点膜单元组成，用于找形和荷载计算。计算模型不考虑骨架，边界条件如图 10.2 所示。计算考虑膜材的正交异性，预应力的模拟采用降温法。

膜材经向与屋脊杆件方向平行（屋盖纵向），纬向与圆拱形骨架杆件方向平行（大致沿屋盖横向）。在圆拱形骨架杆件上，膜的纬向自由度通过一种只有经向膜材刚度的材料释放。在屋脊向骨架杆件上及屋檐处，膜的经向自由度也被释放。

每幅膜结构下的屋盖骨架结构中设有四根水平支撑，膜在屋面活载和向下风作用下位移较大，有可能接触到水平支撑，需要对这种状况进行结构验算，确保膜材和骨架杆件的受力安全。对膜幅 3，进行了活载与向下风作用下膜与支撑的接触验算。接触验算计算模型包含膜单元、梁单元和接触单元。

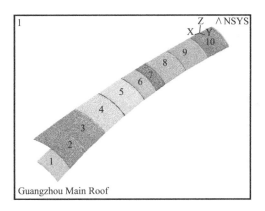

图 10.1　主楼采光窗膜结构计算简图

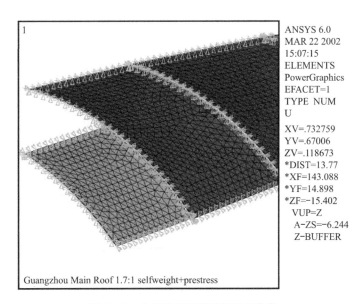

图 10.2　主楼采光窗膜结构边界条件

10.4.2　荷载

10.4.2.1　预应力

膜的张拉力一般为沿经向 5.5kN/m 和沿纬向 3.2kN/m，只有膜幅 6 和 7 的张拉力为双向 4.3kN/m。

10.4.2.2　屋面活荷载

膜屋面活荷载取 0.5kN/m²。

10.4.2.3　风荷载

基本风压：$w_0 = 0.45\text{kN/m}^2$

基本风压提高系数：1.2

地面粗糙度类别：B 类

风压高度变化系数：1.67（离地高度约 50m）

风荷载体型系数：-0.8（向上风）和$+0.3$（向下风）

风压标准值：$w_k = 0.45 \times 1.2 \times (-0.8) \times 1.67 = -0.72\,kN/m^2$（向上风）

$w_k = 0.45 \times 1.2 \times 0.3 \times 1.67 = 0.27\,kN/m^2$（向下风）

10.4.2.4 偶然风荷载

索膜验算时偶然风荷载标准值按以下取值：

风压标准值：$w_k = -1.6\,kN/m^2$（向上风）

$w_k = 0.8\,kN/m^2$（向下风）

10.4.3 荷载组合

计算考虑：

    1）预应力工况；

    2）预应力＋屋面活载工况；

    3）预应力＋风工况；

    4）预应力＋偶然风工况。

1）～3）为基本组合，4）为偶然组合，上述组合均含有自重。

10.4.4 计算结果

10.4.4.1 膜内力

基本组合时，最大膜应力出现在预应力＋向上风工况，如图 10.3、图 10.4 所示，最大应力为：$\sigma_{x,max} = 29.4\,kN/m < [S_W]$，$\sigma_{y,max} = 24.4\,kN/m < [S_F]$。偶然组合时，最大膜应力出现在预应力＋向上偶然风工况，最大应力为：$\sigma_{x,max} = 47.8\,kN/m < [S_W]$，$\sigma_{y,max} = 42.5\,kN/m < [S_F]$。

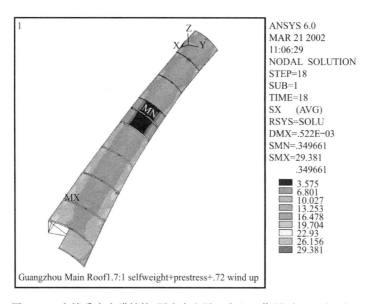

图 10.3 主楼采光窗膜结构-预应力和风（向上）作用下-SX（kN/m）

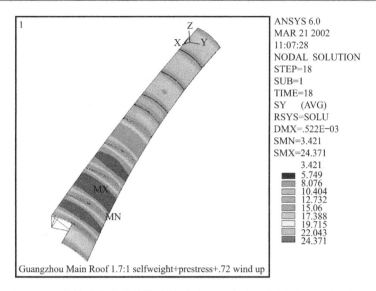

图 10.4 主楼采光窗膜结构-预应力和风（向上）作用下-SY（kN/m）

10. 4. 4. 2 膜与支撑的接触验算

1. 屋面活荷载作用下

在屋面活荷载作用下，膜的应力分布见图 10.5、图 10.6，膜的位移见图 10.7。最大应力为：$\sigma_{x,max} = 25.6\text{kN/m} < [S_W]$，$\sigma_{y,max} = 10.3\text{kN/m} < [S_F]$。

膜在支撑处的接触反力分布见图 10.8，单根支撑的总反力为 16kN。支撑长度约为 15m，中部 5m 的反力约为 3.2kN/m。

2. 向下偶然风作用下

在向下偶然风作用下，膜的应力分布见图 10.9、图 10.10，膜的位移见图 10.11。最大应力为：$\sigma_{x,max} = 34.1\text{kN/m} < [S_W]$，$\sigma_{y,max} = 13.7\text{kN/m} < [S_F]$。

膜在支撑处的接触反力分布见图 10.12。

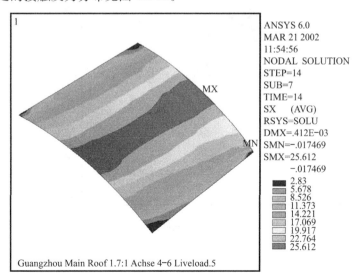

图 10.5 主楼采光窗膜结构-预应力＋屋面活荷载工况-膜与支撑接触验算-SX

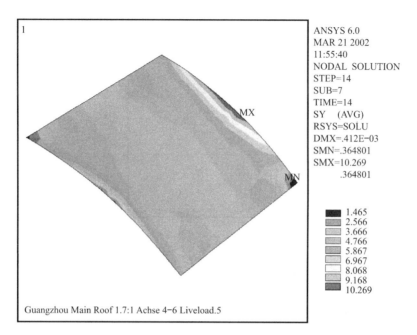

图 10.6　主楼采光窗膜结构-预应力＋屋面活荷载工况-膜与支撑接触验算-SY

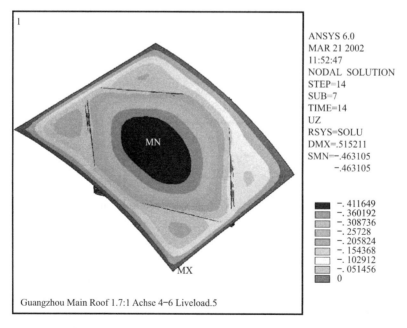

图 10.7　主楼采光窗膜结构-预应力＋屋面活荷载工况-膜与支撑接触验算-UZ

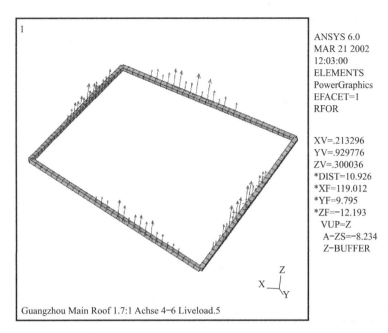

图 10.8 主楼采光窗膜结构-预应力＋屋面活荷载工况-膜与支撑接触验算-接触反力

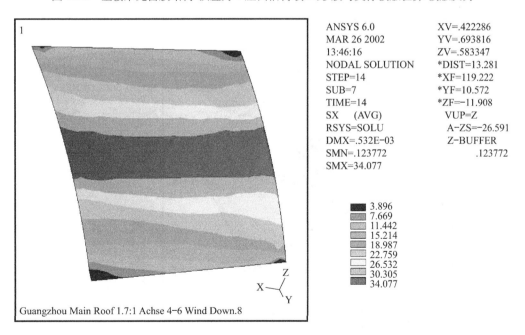

图 10.9 主楼采光窗膜结构-预应力＋偶然风（向下）工况-膜与支撑接触验算-SX

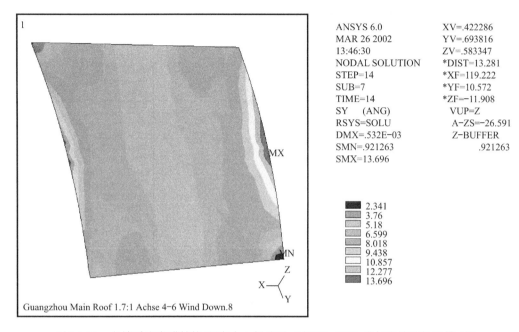

图 10.10　主楼采光窗膜结构-预应力＋偶然风（向下）工况-膜与支撑接触验算-SY

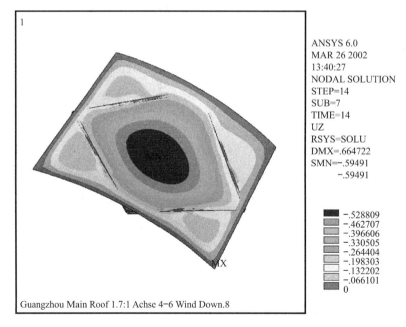

图 10.11　主楼采光窗膜结构-预应力＋偶然风（向下）工况-膜与支撑接触验算-UZ

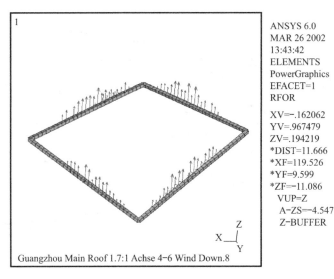

图 10.12　主楼采光窗膜结构-预应力＋偶然风（向下）工况-膜与支撑接触验算-接触反力

所有支撑的合力：	总体坐标 X 向	11.1kN
	总体坐标 Y 向	47.0kN
	总体坐标 Z 向	95.5kN
单根支撑的反力（最大值）：	总体坐标 X 向	5.0kN
	总体坐标 Y 向	16.3kN
	总体坐标 Z 向	25.2kN

　　单根支撑的接触反力的合力的最大值大约是 30kN，支撑长度约为 15m，中部 5m 的反力约为 6.0kN/m。

10.5　连接楼采光天窗

10.5.1　计算模型

　　连接楼采光天窗（老虎窗）膜结构由膜、拱形桁架、脊索、稳定索组成。膜的两条侧边固定在呈空间曲线的矩形钢管边缘构件上，底边固定在拱形桁架的上弦杆上。拱形桁架通过三条钢索固定，一条是索膜结构的脊索，另两条是呈"八"字形布置的稳定索（详见图 6.3 和图 6.4）。倾斜的脊索下端固定在屋盖的纵向桁架节点上，上端固定在拱形桁架的上端。

　　连接楼采光天窗的计算简图如图 10.13 所示（图上未绘出稳定索），选取一组膜、拱形桁架脊索、稳定索作为膜结构分析对象。膜结构分析软件采用 EASY，它是由德国 technet GmbH 公司编制的膜结构专用分析软件。其计算方法是：1）先进行大位移非线性找形分析，确定满足结构和建筑外观要求的外形；2）以找形分析的结果作为下一步计算的基础，"冻结"索膜结构计算模型的几何形状，并为计算模型提供刚度和荷载，进行平衡状态下的内力分析。

　　脊索直径取 Φ32mm，稳定索直径取 Φ40mm，钢索弹性模量取 $150 \times 10^3 \text{N/mm}^2$。

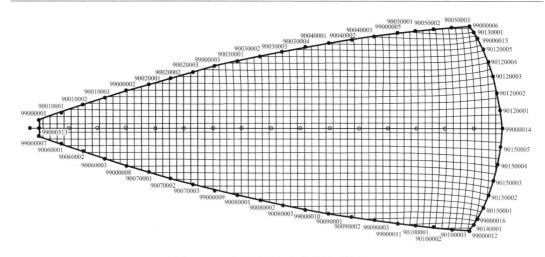

图 10.13　连接楼采光窗膜结构计算简图

10.5.2　荷载

10.5.2.1　预应力

膜双向张拉，确保不出现皱褶，最小预应力为 4.0kN/m。

10.5.2.2　屋面活荷载

膜屋面活荷载取 0.5kN/m^2。

10.5.2.3　风荷载

风荷载标准值计算和取值同第 10.4.2.3 节，$w_k = -0.72\text{kN/m}^2$（向上风），0.27kN/m^2（向下风）。

10.5.2.4　偶然风荷载

索膜验算时偶然风荷载标准值按以下取值：

风压标准值：$w_k = -1.6\text{kN/m}^2$（向上风）

$w_k = 0.8\text{kN/m}^2$（向下风）

10.5.3　荷载组合

计算考虑以下荷载组合：

 1）预应力工况（LC-A）；

 2）预应力＋屋面活载工况（LC-B）；

 3）预应力＋风工况（向上风 LC-C，向下风 LC-D）；

 4）预应力＋偶然风工况（向上风 LC-E，向下风 LC-F）。

1）～3）为基本组合，4）为偶然组合，上述组合均含有自重。

10.5.4　计算结果

10.5.4.1　索膜内力

 基本组合时，最大膜应力出现在预应力＋向上风工况，如图 10.14、图 10.15 所示。偶然组合时，最大膜应力出现在预应力＋向上偶然风工况。膜结构计算结果汇总如表 10.2 所示。

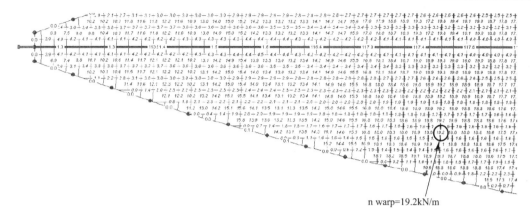

n warp=19.2kN/m

图 10.14　连接采光窗膜结构-预应力＋风（向上）工况-内力（左部）（膜 kN/m，索 kN）

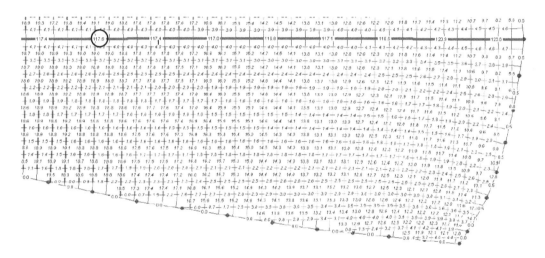

图 10.15　连接采光窗膜结构-预应力＋风（向上）工况-内力（右部）（膜 kN/m，索 kN）

连接楼采光窗膜结构计算结果汇总　　　　　　　　　　　　　　　　表 10.2

部位	LC-A	LC-B	LC-C	LC-D	max.	LC-E	LC-F	max.
膜经向（kN/m）	5	15	19	—	19	32	20	32
膜纬向（kN/m）	5	12	4	—	12	5	16	16
脊索（kN）	75	162	118	—	162	144	229	229
稳定索（kN）	113	254	156	—	254	156	255	255

10.5.4.2　钢索验算

1. 脊索（基本组合）

索拉力：$S = 162kN$

荷载系数：$\gamma_f = 1.5$

索直径：$d = 32mm$

填充系数：$f = 0.75$

金属截面面积：$A_m = \dfrac{\pi \times 32^2}{4} \times 0.75 = 603.19mm^2$

绞线系数：$k_s = 0.87$

损耗系数：$k_e = 0.9$

断裂荷载：$Z_{B.k} = 603.19 \times 1770 \times 0.87 \times 0.9 = 835.97 \times 10^3 \text{N}$

容许应力：$[Z_R] = \dfrac{835.97}{1.5 \times 1.1 \times 1.5} = 337.77\text{kN} > S(满足)$

2. 脊索（偶然组合）

索拉力：$S = 229\text{kN}$

荷载系数：$\gamma_f = 1.0$

索直径：$d = 32\text{mm}$

填充系数：$f = 0.75$

金属截面面积：$A_m = \dfrac{\pi \times 32^2}{4} \times 0.75 = 603.19\text{mm}^2$

绞线系数：$k_s = 0.87$

损耗系数：$k_e = 0.9$

断裂荷载：$Z_{B.k} = 603.19 \times 1770 \times 0.87 \times 0.9 = 835.97 \times 10^3 \text{N}$

容许应力：$[Z_R] = \dfrac{835.97}{1.5 \times 1.1 \times 1.0} = 506.65\text{kN} > S(满足)$

3. 稳定索（偶然组合）

索拉力：$S = 255\text{kN}$

荷载系数：$\gamma_f = 1.0$

索直径：$d = 40\text{mm}$

填充系数：$f = 0.75$

金属截面面积：$A_m = \dfrac{\pi \times 40^2}{4} \times 0.75 = 942.48\text{mm}^2$

绞线系数：$k_s = 0.87$

损耗系数：$k_e = 1.0$

断裂荷载：$Z_{B.k} = 942.48 \times 1770 \times 0.87 \times 1.0 = 1451.32 \times 10^3 \text{N}$

容许应力：$[Z_R] = \dfrac{1451.32}{1.5 \times 1.1 \times 1.0} = 879.59\text{kN} > S(满足)$

4. 钢索参与整体受力问题

从以上计算来看，钢索受力并不大，这是因为取采光窗单独计算模型进行验算的缘故。实际上，连接楼采光窗的钢索参与主体钢结构受力，考虑整体受力后，钢索受力增大很多，设计中取了两种计算的包络，索的直径由整体受力控制。

10.6 雨篷

雨篷的骨架为单向刚架结构，主楼雨篷的刚架跨度为 17.5m，连接楼雨篷的钢架跨度为 19m，刚架平面沿圆弧轴网的径向，刚架间距大致为 18m。在刚架之间（开间）设置两道拱形杆件，在开间的端部设置边索。膜支承在边索、拱形杆件和刚架梁上。为了平衡张拉膜的水平力，在雨篷两端设置竖向斜撑或在端开间设置纵向刚架。

　　刚架的立柱采用 $\Phi457$ 钢管，刚架梁采用双圆管或三圆管组合梁，组合梁圆管截面尺寸为 $\Phi457$。

10.6.1　计算模型

　　雨篷膜结构的计算简图如图 10.16 所示，选雨篷整体结构作为膜结构分析对象。采用 ANSYS 软件对膜结构进行非线性计算，考虑膜材的正交异性，预应力的模拟采用降温法。

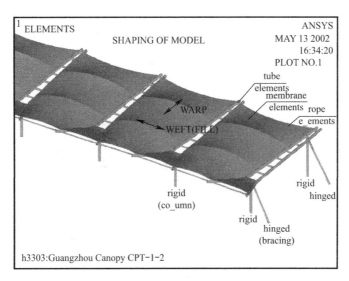

图 10.16　雨篷膜结构计算简图

10.6.2　荷载

10.6.2.1　预应力

　　膜双向张拉，确保不出现皱褶，最小预应力为 4.4kN/m。

10.6.2.2　屋面活荷载

　　膜屋面活荷载取 $0.5kN/m^2$。

10.6.2.3　风荷载

基本风压：$w_0 = 0.45kN/m^2$

基本风压提高系数：1.2

地面粗糙度类别：B 类

风压高度变化系数：1.14（离地高度约 15m）

风荷载体型系数：-1.3（向上风）和 $+0.65$（向下风）

风压标准值：$w_k = 0.45 \times 1.2 \times (-1.3) \times 1.14 = -0.8kN/m^2$（向上风）

$\qquad\qquad w_k = 0.45 \times 1.2 \times 0.65 \times 1.14 = 0.4kN/m^2$（向下风）

10.6.2.4　偶然风荷载

索膜验算时偶然风荷载标准值按以下取值。

风压标准值：$w_k = -1.5kN/m^2$（向上风）

$\qquad\qquad w_k = 0.8kN/m^2$（向下风）

10.6.3 计算结果

基本组合时，最大膜应力出现在预应力＋向上风工况，如图 10.17、图 10.18 所示，最大应力为：$\sigma_{x,max} = 16.2\text{kN/m} < [S_W]$，$\sigma_{y,max} = 20.1\text{kN/m} < [S_F]$。偶然组合时，最大膜应力出现在预应力＋向上偶然风工况，$\sigma_{x,max} = 25.7\text{kN/m} < [S_W]$，$\sigma_{y,max} = 31.7\text{kN/m} < [S_F]$。

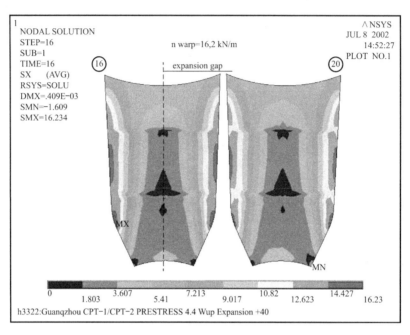

图 10.17 雨篷膜结构－预应力＋向上风工况－SX

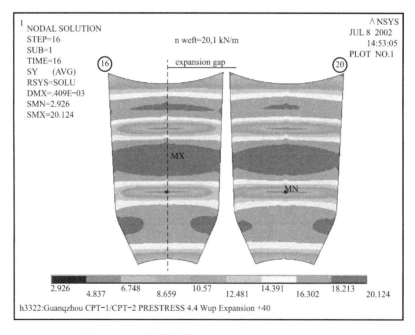

图 10.18 雨篷膜结构－预应力＋向上风工况－SY

10.7 节点设计

膜结构节点详见图 10.19～图 10.21。

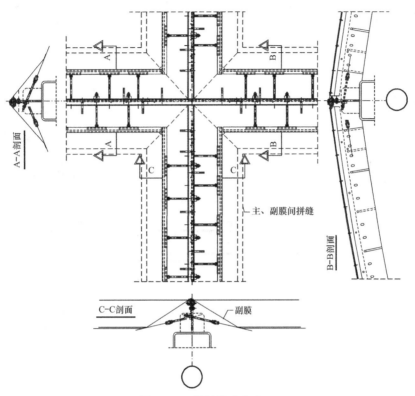

图 10.19 膜结构节点之一

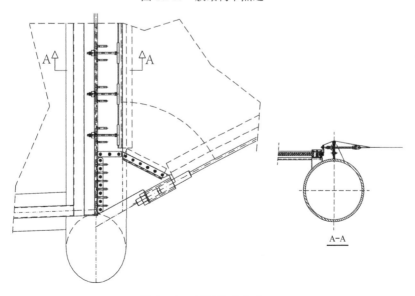

图 10.20 膜结构节点之二

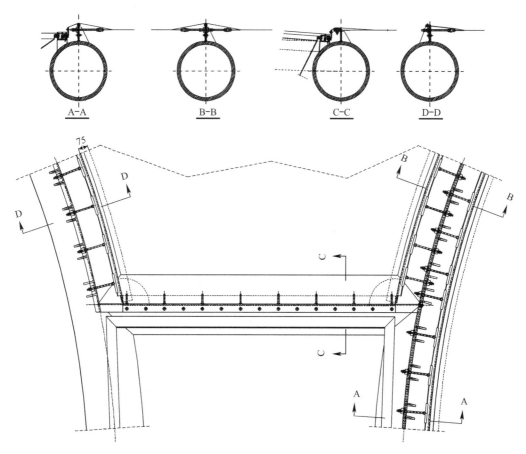

图 10.21 膜结构节点之三

11 钢结构防腐与防火设计

11.1 钢结构大气腐蚀

钢结构的腐蚀环境主要为大气腐蚀，大气腐蚀是金属处于表面水膜层下的电化学腐蚀过程。这种水膜实质上是电解质水膜，它是由于空气中相对湿度大于一定数值时，空气中水汽在金属表面吸附凝聚及溶有空气中的污染物而形成的，电化学腐蚀的阴极是氧化去极化作用过程，阳极是金属腐蚀过程。

在中性和碱性水膜中，阴极反应为：

$$O_2 + 2H_2O + 4e \rightarrow 4OH^-$$

在弱酸水膜（酸雨）中，阴极反应为：

$$O_2 + 4H^+ + 4e \rightarrow 2H_2O$$

阳极反应为：

$$M + xH_2O \rightarrow M^{n+} \cdot xH_2O + ne$$

式中，M 代表腐蚀的金属，M^{n+} 为 n 价的金属离子，$M^{n+} \cdot xH_2O$ 为金属离子化水合物。

在大气环境下的金属腐蚀，由于表面水膜很薄，氧气很容易达到阴极表面，氧的平衡较低，因此，金属在大气中腐蚀的阴极为氧化去极化作用。

在大气中腐蚀的阳极过程随水膜变薄会受到较大阻碍，此时阳极易发生钝化，金属离子水化作用会受阻。

大气腐蚀在潮湿环境中，腐蚀速度主要由阴极过程控制；当金属表面水膜很薄或气候干燥时，金属腐蚀速率变慢，其腐蚀速度主要受阳极化过程控制。

影响大气腐蚀的主要因素是空气中的污染源、相对湿度和温度。

海洋大气中的盐粒子，污染的大气中含有的硫化物、氮化物、碳化物、尘埃等污染物的，对金属在大气中的腐蚀影响很大。

空气中水分在金属表面凝聚生成的水膜和空气中氧气通过水膜进入金属表面是发生大气腐蚀的最基本的条件。相对湿度达到某一临界点时，水分在金属表面形成水膜，从而促进了电化学过程的发展，表现出腐蚀速度迅速增加。当相对湿度低于 60％时，钢铁的腐蚀速率可以忽略；当相对湿度超过 60％时，钢铁腐蚀较为严重[5]。

环境温度的变化影响着金属表面水汽的凝聚，也影响水膜中各种腐蚀气体和盐类的浓度，以及水膜的电阻等。当相对湿度低于金属临界相对湿度时，温度就对大气的腐蚀影响较小；当相对湿度达到金属临界相对湿度时，温度影响就十分明显。湿热带或雨季气温高，则腐蚀严重。

11.2 钢结构长效防腐方法比较

11.2.1 大气腐蚀环境分类

根据大气腐蚀环境中污染物质，大气环境的类型大致可以分为农村大气、城市大气、工业大气、海洋大气和海洋工业大气五大类。

1. 农村大气

农村大气是最洁净的大气环境，空气中不含严重破坏环境的化学污染物，主要含有机物和无机物尘埃等。所以影响腐蚀的因素主要是相对湿度、温度和温差。

2. 城市大气

城市大气中的污染物主要是城市居民生活所造成的大气污染，如，汽车尾气、锅炉排放的二氧化硫等。实际上，很多大城市往往又是工业城市，或者是海滨城市，所以，大气环境的污染相当复杂。

3. 工业大气

在现代工业化社会中，空气被化工、石油、冶金、炼焦、水泥等行业排放出大量的化学污染气体和物质所污染，这些污染物中含有大量的 SO_2、H_2S、Cl_2 等物质，而其最具腐蚀性的是硫化物。它们易溶于水，形成的水膜成为强腐蚀介质，加速金属的腐蚀。随着大气相对湿度和温差的变化，这种腐蚀作用更强烈。

4. 海洋大气

其特点是空气湿度大，含盐分多。试验表明，在低湿度中的碳钢腐蚀速度为 10.03g/$(m^2 \cdot a)$，而在海洋大气中的腐蚀速率为 301.1g/$(m^2 \cdot a)$，腐蚀速率增大 30 多倍。海洋大气对金属结构的腐蚀比内陆大气，包括乡村大气和城市大气，要严重得多。离海岸越近，大气中海盐粒子越多，腐蚀性也越强。

5. 海洋工业大气

处于海滨的工业大气环境，属于海洋性工业大气，这种大气中既含有化学污染的硫化氢等有害物质，又含有海洋环境的海盐粒子，两种腐蚀介质的相互作用对金属危害更严重。

11.2.2 涂料长效防腐保护

一般防腐蚀涂料防腐耐久年限较短，往往几年就要大修一次。长效防腐涂料（又称重防腐涂料）是相对于一般防腐蚀涂料而言，它是指在严酷的腐蚀条件下，防腐效果比一般腐蚀涂料高数倍以上的防腐蚀涂料。其特点是耐强腐蚀介质性能优异，耐久性突出，使用寿命达数年以上。

钢结构防腐蚀涂装对于涂料的要求是：

1) 适应高效率的钢结构生产能力，涂料要求干燥快；

2) 漆膜耐碰撞，适应搬运和长距离的运输，损伤小；

3) 防腐蚀性能好，无最大重涂间隔，方便工程进度上的安排；

4) 面漆要有良好的耐候性能，装饰性强。

目前常用的钢结构长效防腐涂料见表11.1。

钢结构长效防腐涂料类别 表11.1

底漆	中间漆	面漆
改性厚浆型醇酸涂料	厚浆型环氧云铁中间漆	丙烯酸聚氨酯面漆
环氧磷酸锌防锈底漆	改性厚浆型环氧树脂涂料	含氟聚氨酯面漆
环氧富锌底漆		聚硅氧烷面漆
无机富锌底漆		

富锌涂料是在20世纪40年代和50年代由澳大利亚和美国的技术人员先后研制成功的，主要有环氧富锌底漆和无机富锌底漆。

在防腐蚀性能上，单道的无机富锌底漆优于环氧富锌底漆。上海涂料研究所曾在厦门海边对这两种富锌涂料进行曝晒试验对比，结果见表11.2。且无机富锌漆具有干得快、机械性能好、耐热性能优异、耐溶剂性能强等优点。

无机富锌和环氧富锌涂料的曝晒测试结果 表11.2

涂料品种	干膜厚度（μm）	试验日期	检查结果
无机富锌底漆	62	1982.7～1987.8（5a）	完好，表面有锌盐
环氧富锌底漆	60	1982.7～1984.9（2a）	20%的锈点

但是无机富锌底漆在施工时有一些特殊的要求，比如，其固化要依靠较高的相对湿度。而环氧富锌底漆的施工要求相比之下要简单一些。对于多道防腐漆体系，无机富锌漆的优势有时并不明显。

11.2.3 电弧喷涂长效防腐保护

电弧喷涂防腐蚀技术属于热喷涂，是钢结构长效防腐蚀的一种新型方法，也是公认的目前钢结构防腐蚀的最好方法之一。它是利用燃烧于两根连续送进的金属丝之间的电弧熔化金属，用压缩空气把熔化的金属雾化，并对雾化的金属熔滴加速度使它们喷向工件形成涂层的技术。在电弧喷涂过程中，两根金属丝被加载上18～40V的直流电压，每根丝带有不同的极性。它们作为自耗电极，彼此绝缘，并同时被送丝机构送进。通常采用廉价的压缩空气作为雾化气流，施加到电弧后面的强大雾化气流将熔化的金属熔滴充分地雾化，并加速，喷射到工件表面，形成涂层。

电弧喷涂防腐蚀使用的材料主要是锌、铝及其合金，均为盘状的线材，我国目前常用的线材为圆形，直径为 1.6mm、2.0mm 和 3.0mm。

电弧喷涂防腐蚀的原理是（图11.1）：

（1）形成致密的保护膜，防止环境中的腐蚀介质与钢铁表面接触；

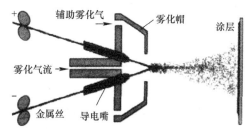

图11.1 电弧喷镀原理

（2）阴极保护作用，这也是最主要的防锈作用。即使在涂层上出现局部的划伤，其周边的锌形成阳极游离出来，有防腐蚀电流流入钢铁表面，从而使钢铁受到电化学保护。

与热浸镀及其他热喷涂方法相比，电弧喷涂具有生产效率高、涂层质量好、能源利用率高、操作简单、适合大尺寸、大面积钢结构防腐涂装施工等优点。但受设备的影响，电弧喷涂技术过去主要用于机械设备维修，直到20世纪80年代中期，我国研制成功新型电弧喷涂设备，大力推动了电弧喷涂技术的应用。

11.2.4 长效防腐保护方法的比较

11.2.4.1 防腐保护机理

涂料涂装是目前国内外钢结构防腐蚀使用最多的方法，虽然富锌底漆也具有一定的阴极保护作用，仍主要基于隔离机理。只有当涂层将钢铁基体与腐蚀环境完全隔离时，涂层才能有效地保护钢铁材料免于腐蚀。涂层干燥后，只有在金属的表面形成连续的附着薄膜后，才能使介质不能和金属接触，避免腐蚀。但事实上涂层难以做到绝对屏蔽，由于涂层微孔、针孔、老化、粉化、脱落和锌粉析出等因素，导致防腐蚀保护体系的失效。

电弧喷涂涂装对钢铁提供机械隔离和电化学保护双重保护。电弧喷涂涂层与钢铁的结合，是通过机械相嵌作用和微冶金作用，涂层结合力达15MPa以上，远远大于富锌涂料与钢铁的结合力。

采用有机材料进行封闭处理后，产生协同效应，耐蚀寿命超过电弧喷涂层与封闭层寿命之和[5]。

11.2.4.2 防腐耐久性

按照英国标准《钢铁结构结构防腐蚀保护涂层应用指南》BS 5493规定，涂料（包括有机及无机富锌漆）仅能提供钢铁20年以下的腐蚀保护，钢铁20年以上的腐蚀保护，只有热喷锌、热喷铝和热浸镀[6]。

欧共体及国际标准《钢铁结构防腐蚀保护—金属涂层指南》EN ISO 14713中指出，金属涂层寿命通常长于涂料涂层，金属涂层的首次维护时间推荐为20年以上，而涂料涂层的首次维护时间仅推荐为10年。

1988~1995年，江南造船厂与上海开林造漆厂等对热喷锌和热喷铝涂层进行了盐雾试验，试验结果见表11.3。试验表明热喷（Zn、Al）层复合涂层和阴极保护层均属最佳钢结构防腐方案，优于涂料涂层。

热喷层盐雾试验结果   表 11.3

内容	试验时间（h）	腐蚀情况	使用年限（推算）
热喷锌层	6000	涂层表面生成 Zn 盐腐蚀物	30 年
热喷铝层	6000	涂层表面生成 Al 盐腐蚀物	30 年
热喷（Zn、Al）层＋环氧云铁底漆＋环氧沥青漆复合涂层	6240	喷锌的涂料表面局部出现起泡（与涂层膜厚有关），喷铝的完好	30 年

1995~1998年，长江委设计院与武汉材料保护研究所对各种涂层材料金属、有机、金属涂镀层等在葛洲坝附近进行了大量的大气环境曝晒试验[7]。各类底涂层的划痕锈蚀扩展测试结果表明，划痕扩展由小到大的顺序为：①喷锌→②环氧富锌→③无机富锌→④环氧类底漆→⑤氯化橡胶→⑥聚氨酯→⑦醇酸→⑧氯磺化聚乙烯。证明喷锌涂层耐腐蚀性最优，富锌涂料也有较好的耐腐蚀性能。

11.3 钢结构防腐设计

11.3.1 钢结构防腐保护设计要求

广州新白云国际机场建于广州花都，广州属典型的亚热带湿热海洋性气候，年平均气温为 21.8℃，夏季很长，自 4 月下旬至 10 月下旬，常年气温高；多雨、潮湿，年平均相对湿度为 79%，5、6 月高达 86%。空气质量为二级，空气污染物主要为二氧化硫。属腐蚀严重的工业大气环境。

由于白云机场是我国三大枢纽机场之一，业务繁忙，为了尽量减少对营运的影响，对钢结构采用长效防腐保护设计方案，防腐耐久年限为 30 年。

11.3.2 室内钢构件防腐

11.3.2.1 技术条件

1）所有室内钢柱、钢梁、主体钢桁架、预埋件的外露表面均需按本要求做防腐处理；

2）本钢结构防腐工程的防腐耐久年限应为 30 年以上；

3）应对本防腐工程的质量提供 10 年以上的担保；

4）应满足本工程工厂涂装和现场涂装的要求；

5）防腐底漆、封闭漆、中间漆、面漆应相容、漆间附着力好，宜采用同一系列产品进行配套。必须保证防腐层与防火涂料层的相容；

6）应对涂装配套提出"一般涂装配套"和"现场修补配套"两种配套；

7）涂料的涂装配套可采用本技术文件提供之涂装配套，也可由投标商提出满足本技术条件的更优的方案。但投标时只能报一个方案以供评选；

8）投标商应提出详细的防腐施工方案。需考虑钢结构安装、焊接后的防腐层的补涂。需说明工厂涂装与现场涂装的工作内容；

9）最后一道面漆必须在全部吊装完毕后的钢结构上进行涂装，以保证面漆颜色一致、表面光滑完整。

11.3.2.2 一般涂装配套

室内钢构件防腐一般涂装配套详见表 11.4。

室内钢构件防腐一般涂装配套 表 11.4

序号	涂装要求	设计值（干膜厚）	备注
1	表面净化处理	无油、干燥	《热喷涂金属件表面预处理通则》GB 11373—1989
2	喷砂除锈	Sa2 1/2	《涂装前钢材表面锈蚀等级和除锈等级》GB 8923—1988
3	无机富锌底漆	80 μm	高压无气喷涂
4	环氧树脂封闭漆	30 μm	高压无气喷涂
5	环氧云铁中间漆	100 μm	高压无气喷涂
6	可覆涂丙烯酸聚氨酯面漆	2×30 μm（两道）	高压无气喷涂颜色待定

11.3.2.3 现场修补涂装配套

室内钢构件防腐现场修补涂装配套详见表 11.5

室内钢构件防腐现场修补涂装配套　表 11.5

序号	涂装要求	设计值（干膜厚）	备注
1	表面净化处理	无油、干燥	《热喷涂金属件表面预处理通则》GB 11373—1989
2	除锈	喷砂 Sa2 1/2 或手工 St 3	《涂装前钢材表面锈蚀等级和除锈等级》GB 8923—1988
3	环氧富锌底漆	$80\mu m$	刷涂或高压无气喷涂
4	环氧云铁中间漆	$130\mu m$	刷涂或高压无气喷涂
5	可覆涂丙烯酸聚氨酯面漆	$2\times30\mu m$（两道）	高压无气喷涂颜色待定

11.3.2.4 防腐层的检验

1）对涂装前表面处理质量严格把关，凡不符合要求的工件，一律不准转入下一道工序；

2）有机涂层结合力按《色漆和清漆漆膜的划格试验》（SB 9286—1988）执行；

3）外观检验：肉眼检查，所有工件 100% 进行。施工单位应认真记录，监理可抽查。油漆外观必须达到涂层、漆膜表面均匀、无起泡、流挂、龟裂、干喷和掺杂杂物等现象；

4）膜厚检验：采用特殊测厚仪检查，所有工件 100% 进行。施工单位应认真记录，监理可抽查；

5）钢桁架构件按节间划分工件。构件表面积大于 $2m^2$ 的工件，每件测量厚度 10 处，每处测量三点取平均值记录；表面积小于 $2m^2$ 的工件，每件测量厚度 5 处，每处测量三点取平均值记录；

6）涂层干膜厚度必须达到两个 90%，即测试点的 90% 必须达到和超过设计规定厚度，各处测量值必须不能低于设计规定膜厚的 90% 才为合格。

11.3.3 室外钢构件防腐

11.3.3.1 技术条件

1）所有暴露室外的钢柱、钢梁、主体钢桁架、预埋件的外露表面均需按本要求做防腐处理；

2）本钢结构防腐工程的防腐耐久年限应为 30 年以上；

3）应对本防腐工程的质量提供 10 年以上的担保；

4）应满足本工程工厂涂装和现场涂装的要求；

5）喷铝层、封闭漆、中间漆、面漆应相容、漆间附着力好，涂料宜采用同一系列产品进行配套。防腐层应保证防腐层与防火涂料层的相容；

6）应对涂装配套提出"一般涂装配套"和"现场修补配套"两种配套；

7）防腐底层应采用电弧喷铝，喷铝层的厚度不得小于 $150\mu m$；

8）防腐封闭漆、中间漆、面漆的涂装配套可采用本技术文件之涂装配套，也可由投标商提出满足本技术条件的更优的方案。但投标时只能报一个方案以供评选；

9）投标商应提出详细的防腐施工方案。需考虑钢结构安装、焊接后的防腐层的补涂。

需说明工厂涂装与现场涂装的工作内容；

10）最后一道面漆必须在全部吊装完毕后的钢结构上进行涂装，以保证面漆颜色一致、表面光滑完整。

11.3.3.2　一般涂装配套

室外钢构件防腐涂装配套详见表 11.6

室外钢构件防腐一般涂装配套　　　　表 11.6

序号	涂装要求	设计值（干膜厚）	备注
1	表面净化处理	无油、干燥	《热喷涂金属件表面预处理通则》GB 11373—1989
2	喷砂除锈	Sa3	《涂装前钢材表面锈蚀等级和除锈等级》GB 8923—1988
3	电弧喷铝（一期）电弧喷锌铝合金（一期扩建）	$150\mu m$	《金属和其他无机覆盖层热喷涂 锌、铝及其合金》GB/T 9793—1997《变形铝及铝合金化学成分》GB/T 3190—1996
4	环氧树脂封闭漆	$30\mu m$	高压无气喷涂
5	环氧云铁中间漆	$50\mu m$	高压无气喷涂
6	可覆涂丙烯酸聚氨酯面漆	$2\times30\mu m$（两道）	高压无气喷涂 颜色待定

11.3.3.3　现场修补涂装配套

室外钢构件防腐现场修补涂装配套详见表 11.7

室外钢构件防腐现场修补涂装配套　　　　表 11.7

序号	涂装要求	设计值（干膜厚）	备注
1	表面净化处理	无油、干燥	《热喷涂金属件表面预处理通则》GB 11373—1989
2	喷砂除锈	Sa3	《涂装前钢材表面锈蚀等级和除锈等级》GB 8923—1988
3	电弧喷铝（一期）	$150\mu m$	《金属和其他无机覆盖层热喷涂 锌、铝及其合金》GB/T 9793—1997《变形铝及铝合金化学成分》GB/T 3190—1996
4	冷镀锌（一期扩建）	$100\mu m$	
5	环氧树脂封闭漆	$30\mu m$	高压无气喷涂
6	环氧云铁中间漆	$50\mu m$	刷涂或高压无气喷涂
7	可覆涂丙烯酸聚氨酯面漆（一期）丙烯酸改性聚硅氧烷（一期扩建）	$2\times30\mu m$（两道）	高压无气喷涂 颜色待定

11.3.3.4　防腐层的检验

1）对涂装前表面处理质量严格把关，凡不符合要求的工件，一律不准转入下一道工序；

2）喷铝涂层表面应均匀，不允许有起皮、鼓泡、大熔滴、裂纹、掉块及其他影响涂层使用的缺陷；

3）喷铝层厚度及结合力的检测按《金属和其他无机覆盖层热喷涂锌、铝及其合金》GB/T 9793—1997；

4）有机涂层结合力按《色漆和清漆漆膜的划格试验》SB 9286—1988 执行；

5）油漆外观检验：肉眼检查，所有工件 100％进行。施工单位应认真记录，监理可抽查。油漆外观必须达到涂层、漆膜表面均匀、无起泡、流挂、龟裂、干喷和掺杂杂物等现象；

6）油漆膜厚检验：采用特殊测厚仪检查，所有工件 100％进行。施工单位应认真记录，监理可抽查；

7）钢桁架构件按节间划分工件。表面积大于 2m² 的工件，每处测量厚度 10 处，每处测量三点取平均值记录；表面积小于 2m² 的工件，每处测量厚度 5 处，每处测量三点取平均值记录；

8）油漆涂层干膜厚度必须达到两个 90％，即测试点的 90％必须达到和超过设计规定厚度，各处测量值必须不能低于设计规定膜厚的 90％才为合格。

11.3.4 室内-室外交界处钢构件防腐

在室内外交界处室内 1m（沿杆件长度）区段为室内、室外两种底层防腐材料的搭接区段。该区段的底漆先按室外配套做防腐底层再按室内配套做底漆。该区段的封闭漆、中间漆、面漆配套同室内钢结构。

11.4 钢结构防火设计

11.4.1 防火保护范围

根据广东省公安厅消防局消防安全论证的结果，距楼板、地面 8m 以下部分的钢结构需要按规范作防火保护。

11.4.2 钢结构防火设计

11.4.2.1 白云机场一期工程

钢桁架和钢梁耐火极限为 2h（h 表示小时），采用超薄型防火涂料，干膜厚度≥2500μm；压型钢板（结构板）耐火极限为 1.5h，采用超薄型防火涂料，干膜厚度≥2000μm。

室内小钢屋架和钢柱耐火极限为 2.5h，采用厚度不小于 25mm 的防火板；钢梁耐火极限为 1.5h，采用厚涂型防火涂料，干膜厚度为 16mm（蛭石类）。

按照《钢结构防火涂料应用技术规范》CECS 24：1990 第 2.0.4 条第 2 款："室内隐蔽钢结构、高层全钢结构及多层厂房钢结构。当规定其耐火极限在 1.5h 以上时，应选用厚涂型钢结构防火涂料"。钢桁架和钢梁耐火极限为 2h，采用超薄型防火涂料，突破了这一条规定，为确保防火性能可靠，采取了以下措施：

（1）防火涂料由业主提供，通过国际招标，选用优质涂料；

（2）控制干膜厚度，当耐火极限为 2h 时，要求干膜厚度≥2500 μm；

（3）主要用于外露部位，以便于检查和维护。

11.4.2.2 白云机场一期扩建工程

钢桁架耐火极限 2h，采用厚涂型防火涂料，干膜厚度为 25mm；钢梁耐火极限 1.5h，采用厚涂型防火涂料，干膜厚度为 20mm；压型钢板（结构板）耐火极限为 1.5h，采用超薄型防火涂料，干膜厚度≥2000μm。

室内小钢屋架和钢柱耐火极限为 2.5h，采用厚涂型防火涂料，干膜厚度为 30mm；钢梁耐火极限为 1.5h，采用厚涂型防火涂料，干膜厚度为 20mm。

厚涂型防火涂料干膜厚度根据《建筑钢结构防火技术规范》CECS 200：2006 计算确定。钢桁架杆件的典型截面尺寸为：$\Phi127\times5$、$\Phi245\times12$、$\Phi324\times25$。防火涂料导热系数 $\lambda_i = 0.102$ W/(m℃)（由本工程厂家提供），防火涂料干密度取 $\rho_i = 480$kg/m³，比热容取 $c_i = 1000$J/(kg·K)。钢桁架和钢梁采用 Q345B 钢。

（1）屋盖桁架腹杆

典型屋盖桁架腹杆的尺寸为：截面尺寸 $\Phi127\times5$，截面面积 $A = 0.003676$ m²，截面惯性矩 $I = 6.3355\times10^{-6}$ m⁴，计算长度 $l_0 = 3.258$m，长细比 $\lambda = 78.48$。按轴心受压构件考虑，取平时荷载下屋盖桁架腹杆的稳定荷载比为 $R = 0.7$，平时荷载设计值为：

$$p = 1.1\times(1.2\times1.5+1.4\times0.5) = 2.75\text{kN/m}^2$$

火灾时荷载设计值为：

$$p_f = 1.15\times(1.5+0.5\times0.5) = 2\text{kN/m}^2$$

火灾时稳定荷载比为：

$$R' = \frac{p_f}{p}R = \frac{2}{2.75}\times0.7 = 0.5$$

查 CECS 200：2006 表 7.4.1-1，临界温度 $T_d' = 599$℃；查 CECS 200：2006 表 7.4.2-1，临界温度 $T_d'' = 604.5$℃。取 $T_d = \min\{T_d', T_d''\} = 599$℃。

耐火极限（标准升温极限）为 $t = 120$min，查 CECS 200：2006 附录表 G，$B = 655.2$W/(m³·℃)。

$$\frac{F_i}{V} = \frac{d}{t(d-t)} = \frac{0.127}{0.005\times(0.127-0.005)} = 208\text{m}^{-1}$$

$$k = \frac{c_i\rho_i}{2c_s\rho_s} = \frac{1000\times480}{2\times600\times7850} = 0.051$$

防火涂料厚度为：

$$d_i = \frac{-1+\sqrt{1+4k\left(\frac{F_i}{V}\right)^2\frac{\lambda_i}{B}}}{2k\frac{F_i}{V}} = \frac{-1+\sqrt{1+4\times0.051\times208^2\times\frac{0.102}{655.2}}}{2\times0.051\times208} = 0.025\text{m}$$

故防火涂料干膜厚度取 25mm 可满足要求。

（2）屋盖桁架弦杆

典型屋盖桁架腹杆的尺寸为：截面尺寸 $\Phi245\times16$，截面面积 $A = 0.01151$ m²，截面惯性矩 $I = 75.823\times10^{-6}$ m⁴，计算长度 $l_0 = 2.895$m，长细比 $\lambda = 35.67$。按轴心受压构件考虑，取平时荷载下屋盖桁架弦杆的稳定荷载比为 $R = 0.7$，火灾时稳定荷载比同腹杆，即 $R' = 0.5$。

查 CECS 200：2006 表 7.4.1-1，临界温度 $T_d' = 599$℃；查 CECS 200：2006 表 7.4.2-1，临界温度 $T_d'' = 600$℃。取 $T_d = \min\{T_d', T_d''\} = 599$℃。

耐火极限（标准升温极限）为 $t = 120$min，查 CECS 200：2006 附录表 G，$B = 655.2$W/(m³·℃)。

$$\frac{F_i}{V} = \frac{d}{t(d-t)} = \frac{0.245}{0.016\times(0.245-0.016)} = 67\text{m}^{-1}$$

$$k = \frac{c_i\rho_i}{2c_s\rho_s} = \frac{1000\times480}{2\times600\times7850} = 0.051$$

防火涂料厚度为：

$$d_i = \frac{-1 + \sqrt{1 + 4k\left(\dfrac{F_i}{V}\right)^2 \dfrac{\lambda_i}{B}}}{2k\dfrac{F_i}{V}} = \frac{-1 + \sqrt{1 + 4 \times 0.051 \times 67^2 \times \dfrac{0.102}{655.2}}}{2 \times 0.051 \times 67} = 0.01\text{m}$$

故防火涂料干膜厚度取 25mm 可满足要求。

（3）屋盖钢梁（主檩条）

典型屋盖钢梁（主檩条）采用热轧 H 型钢 HN500×200a，截面尺寸 496×199×9×14，截面面积 $A = 101.3\text{cm}^2$，截面模量 $W_x = 1690\text{cm}^3$，截面回转半径 $i_y = 4.27\text{cm}$，梁跨约 18m，跨中设有 3 道拉条。按单轴受弯构件考虑，取平时荷载下屋盖桁架腹杆的稳定荷载比为 $R = 0.85$，平时荷载设计值为：

$$p = 1.1 \times (1.2 \times 1.5 + 1.4 \times 0.5) = 2.75\text{kN/m}^2$$

火灾时荷载设计值为：

$$p_f = 1.15 \times (1.5 + 0.5 \times 0.5) = 2\text{ kN/m}^2$$

火灾时稳定荷载比：

$$R' = \frac{p_f}{p}R = \frac{2}{2.75} \times 0.85 = 0.62$$

$\lambda_y = \dfrac{l_1}{i_y} = \dfrac{4.5}{0.0427} = 105.4$，$\beta_b = 1.2$，$\eta_b = 0$，根据《钢结构设计规范》GB 50017—2003 附录B：

$$\varphi_b = \beta_b \frac{4320}{\lambda_y^2} \cdot \frac{Ah}{W_x}\left[\sqrt{1 + \left(\frac{\lambda_y t_1}{4.4h}\right)^2} + \eta_b\right]\frac{235}{f_y}$$

$$= 1.2 \times \frac{4320}{105.4} \times \frac{10130}{1690 \times 10^3} \sqrt{1 + \left(\frac{105.4 \times 14}{4.4 \times 496}\right)^2} \times \frac{235}{345} = 0.24 < 0.6$$

$$\varphi_b' = \varphi_b = 0.24$$

查 CECS 200：2006 表 7.4.1-1，临界温度 $T_d' = 556.8\,℃$；查 CECS 200：2006 表 7.4.3-1，临界温度 $T_d'' = 579.2\,℃$。取 $T_d = \min\{T_d', T_d''\} = 556.8\,℃$。

耐火极限（标准升温极限）为 $t = 90\text{min}$，查 CECS 200：2006 附录表 G，$B = 836\text{W/}(\text{m}^3 \cdot ℃)$。

$$\frac{F_i}{V} = \frac{2h + 3b - 2t}{A} = \frac{2 \times 0.496 + 3 \times 0.199 - 2 \times 0.009}{101.3 \times 10^{-4}} = 155\text{m}^{-1}$$

$$k = \frac{c_i \rho_i}{2c_s \rho_s} = \frac{1000 \times 480}{2 \times 600 \times 7850} = 0.051$$

防火涂料厚度为：

$$d_i = \frac{-1 + \sqrt{1 + 4k\left(\dfrac{F_i}{V}\right)^2 \dfrac{\lambda_i}{B}}}{2k\dfrac{F_i}{V}} = \frac{-1 + \sqrt{1 + 4 \times 0.051 \times 155^2 \times \dfrac{0.102}{836}}}{2 \times 0.051 \times 155} = 0.017\text{ m}$$

故防火涂料干膜厚度取 20mm 可满足要求。

11.5 钢结构涂装实际效果

(a)摄于2002年6月   (b)摄于2020年7月

图 11.2   钢结构涂装实际效果-主楼

T1航站楼建成至今已近二十年，尚未进行过涂装维修。主楼钢结构涂装实际效果见图 11.2，连接楼主体钢结构涂装实际效果见图 11.3，主体钢结构涂装依然完好。一期工程室外钢结构采用丙烯酸聚氨酯面漆，一期扩建工程改为丙烯酸改性聚硅氧烷面漆，对比图 11.3（b）和图 11.3（d）发现漆面的保光保色性有明显的改进。

(a)一期工程，摄于2002年6月   (b)一期工程，摄于2020年7月

(c)一期扩建工程，摄于2008年9月   (d)一期扩建工程，摄于2020年7月

图 11.3   钢结构涂装实际效果-连接楼

12 人字形柱和变截面空间组合钢管柱研究

12.1 概述

变截面空间组合钢管柱是由三根圆钢管（支管）组成的三角形变截面（三管棱形钢格构）格构式组合柱（图 12.1）。柱中横面最大，柱两端柱轴线汇交成一点（汇力点）。

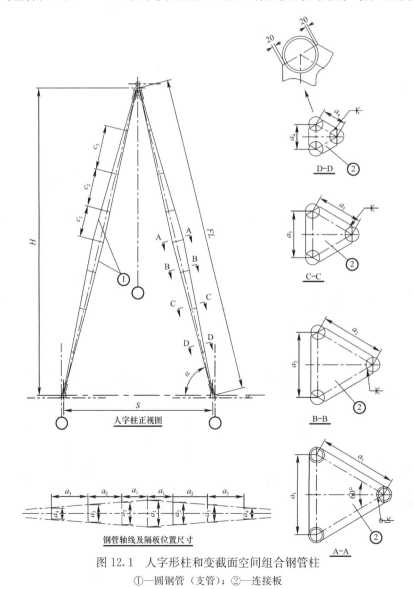

图 12.1　人字形柱和变截面空间组合钢管柱
①—圆钢管（支管）；②—连接板

取与主桁架平面相垂直的垂直平面为正视图平面，FL 是人字形柱的一根组合柱在正视图上的投影长度，H 是人字形柱的高度，α 是组合柱在正视图上投影与水平面的夹角，β 是人字形柱平面（一对组合柱的轴线形成的平面，组合柱轴线通过组合截面的重心）与铅垂线的夹角。组合柱的轴线长度 L 按式（12.1）计算：

$$L = \sqrt{H^2 + (FL\cos\alpha)^2 + (H\tan\beta)^2} \tag{12.1}$$

一组人字形柱的两组合柱的轴线宜汇交成一点，但柱顶可以不汇交成一点，此时，上式中的 H 应取组合柱柱顶高度。

在柱的中部 3 根钢管撑开成三角形格构式柱，其三角形组合截面设计成沿长度线性变化，各柱的变化斜率相同，柱的外形呈两头小中间大的榄核形，最大支管间距 c_1 随柱长度的增大而增大，$C_1/L = 1/22 \sim 1/25$。

三根圆钢管由隔板连接，钢板厚度不小于 20mm，用坡口全焊透焊缝与支管管壁焊接。隔板不穿过支管，支管为连续结构，除支管转折处（最大截面处，图 12.1 中 A-A 断面）在支管内设加劲板外，其他与隔板连接部位支管内不设加劲板。

人字形柱侧视图倾角 β 根据建筑要求确定，一般为 $-40° \sim 30°$（负值向内倾斜），正视图倾角 α 一般为 $50° \sim 90°$，宜 $\geq 60°$，当 α 较小时，支座的水平承载能力和刚度需要加强。

柱的两端节点可采用钢管相贯焊接节点或铸钢节点（图 12.2）。

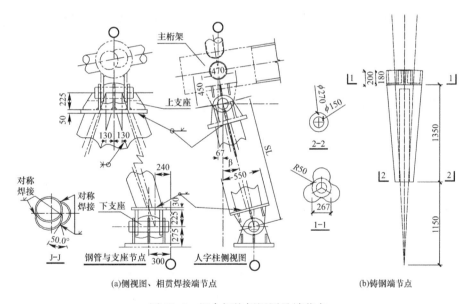

图 12.2 组合钢柱侧视图及端节点

12.2 数值分析

12.2.1 计算内容

12.2.2 分析方法

1）采用 ANSYS 程序分析柱子的稳定性，同时考虑几何非线性与材料非线性，用弧长法跟踪计算柱子的极限承载力，不计残余应力影响，计算柱设计参数见表 12.1；

计算柱设计参数表

表 12.1

序号	计算长度（mm）	柱中截面管中距（mm）	管截面尺寸（mm）
1	37466	1500	ϕ273×16
2	28356	1135	ϕ273×16
3	20728	830	ϕ273×16
4	16327	654	ϕ273×16
5	37466	1500	ϕ244.5×18
6	28356	1135	ϕ244.5×18
7	20728	830	ϕ244.5×18
8	15700	629	ϕ168×10

2）柱肢采用管单元 Pile20（梁单元的一种）；隔板采用 Shell181 单元；两柱端相贯处管截面采用面积等效方法（管径不变，变化管壁厚度）（表 12.2～表 12.4），仍采用 Pile20 单元；

3）考虑长柱斜放时自重的影响；

4）支座条件：柱两端铰接，但约束了柱上端绕柱轴线的转动位移分量。

12.2.3 柱端圆管相贯处的等效管截面

ϕ273×16 沿杆长的等效管截面

表 12.2

离各端的距离（mm）	等效面积	等效管截面	离各端的距离（mm）	等效面积	等效管截面
0～250	25387	ϕ273×10.24	1500～1750	30128	ϕ273×12.24
250～500	26154	ϕ273×11.56	1750～2000	31084	ϕ273×12.65
500～750	26920	ϕ273×10.88	2000～2250	32211	ϕ273×13.13
750～1000	27680	ϕ273×11.20	2250～2500	34323	ϕ273×14.05
1000～1250	28454	ϕ273×11.53	2500～2750	38196	ϕ273×15.73
1250～1500	29263	ϕ273×11.88	2750～柱长跨中	38792	ϕ273×16

ϕ244.5×18 沿杆长的等效管截面

表 12.3

离各端的距离（mm）	等效面积（mm²）	等效管截面	离各端的距离（mm）	等效面积（mm²）	等效管截面
0～250	25045	ϕ244.5×11.45	1250～1500	30072	ϕ244.5×13.69
250～500	26296	ϕ244.5×11.83	1500～1750	31236	ϕ244.5×14.25
500～750	27195	ϕ244.5×12.30	1750～2000	33008	ϕ244.5×15.11
750～1000	28102	ϕ244.5×12.73	2000～2150	36846	ϕ244.5×17.01
1000～1250	29048	ϕ244.5×13.19	2150～柱长跨中	38463	ϕ244.5×18

φ168×10 沿杆长的等效管截面　　　　　　　　　表 12.4

离各端的距离（mm）	等效面积（mm²）	等效管截面	离各端的距离（mm）	等效面积（mm²）	等效管截面
0～250	10514	φ168×6.85	1000～1100	12786	φ168×8.42
250～500	10951	φ168×7.15	1100～1250	14750	φ168×9.88
500～750	11427	φ168×7.48	1250～柱长跨中	14903	φ168×10
750～1000	11969	φ168×7.85			

12.2.4　分析结果

典型（以第 1 号柱为例）的荷载-跨中侧向位移曲线、极限状态下和弹性极限状态下的管的变形与应力分布、极限状态下和弹性极限状态下隔板的变形与应力分布如图 12.3～图 12.7 所示。

各组合钢管柱的稳定承载力计算结果如表 12.5。

组合钢管柱稳定承载力计算结果　　　　　　　　表 12.5

序号	计算长度（mm）	柱中截面管中距（mm）	管截面尺寸（mm）	极限承载力（kN）	弹性极限（kN）
1	37466	1500	φ273×16	3340	2540
2	28356	1135	φ273×16	5290	3820
3	20728	830	φ273×16	5940	4720
4	16327	654	φ273×16	6250	4230
5	37466	1500	φ244.5×18	2640	1860
6	28356	1135	φ244.5×18	4580	3810
7	20728	830	φ244.5×18	5890	4280
8	15700	629	φ168×10	2410	2020

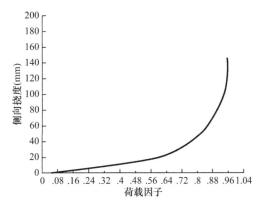

图 12.3　荷载-跨中侧向位移曲线（典型）

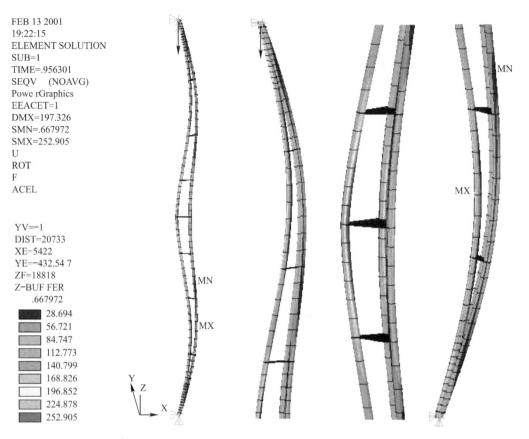

FEB 13 2001
19:22:15
ELEMENT SOLUTION
SUB=1
TIME=.956301
SEQV   (NOAVG)
Powe rGraphics
EEACET=1
DMX=197.326
SMN=.667972
SMX=252.905
U
ROT
F
ACEL

YV=−1
DIST=20733
XE=5422
YE=−432.54 7
ZF=18818
Z−BUF FER
.667972
28.694
56.721
84.747
112.773
140.799
168.826
196.852
224.878
252.905

图 12.4　极限状态：管的变形与应力分布（典型）

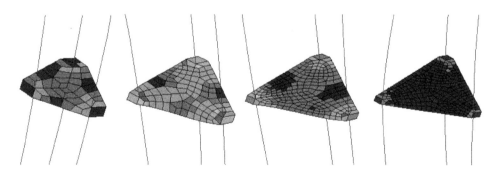

图 12.5　极限状态：板的变形与应力分布（典型）

分析结论：

1）三角截面人字形柱属压弯构件，柱子极限承载力由整体稳定性控制；

2）在弹性阶段，柱子两端相贯的截面削弱不起控制作用；超过弹性极限后，截面削弱加速了柱子荷载-位移曲线的非线性效应；

3）与柱相交处的横隔板局部进入塑性状态；

4）所有柱子承载力均满足设计要求，相应的柱侧向挠度较小。

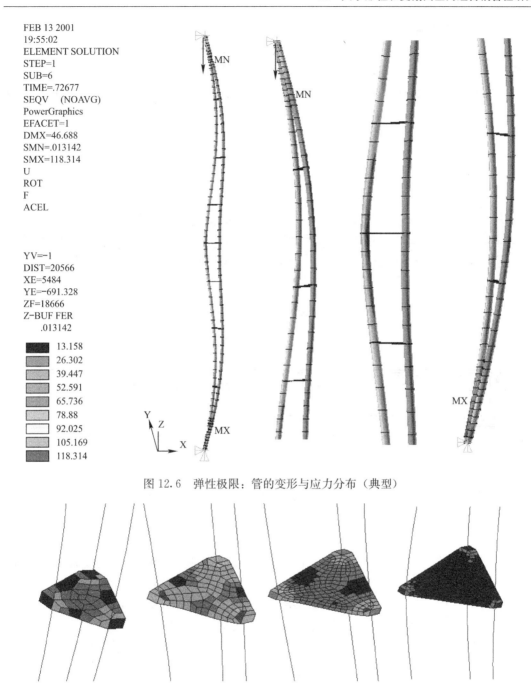

FEB 13 2001
19:55:02
ELEMENT SOLUTION
STEP=1
SUB=6
TIME=.72677
SEQV　(NOAVG)
PowerGraphics
EFACET=1
DMX=46.688
SMN=.013142
SMX=118.314
U
ROT
F
ACEL

YV=−1
DIST=20566
XE=5484
YE=−691.328
ZF=18666
Z−BUF FER
.013142
13.158
26.302
39.447
52.591
65.736
78.88
92.025
105.169
118.314

图 12.6　弹性极限：管的变形与应力分布（典型）

图 12.7　弹性极限：板的变形与应力分布（典型）

12.3　试验研究

12.3.1　试验模型

采用足尺模型试验，柱试件设计图纸为实际工程施工图，选择其中 RZ2、RZ3、RZ5

三种尺寸，柱长分别为 18.985m、22.922m、29.465m。

三根试验柱钢管为同一炉批号 7T84680 材料，屈服应力 $f_y = 420$MPa；柱底铰支座端板及耳板材料为 A572 钢，销栓为 ϕ150mm，45 号钢。

三根人字柱在上海中远川崎重工钢结构有限公司的加工车间制作完成。试件制作完成后，吊运到车间端部试验现场。

12.3.2　加载方法

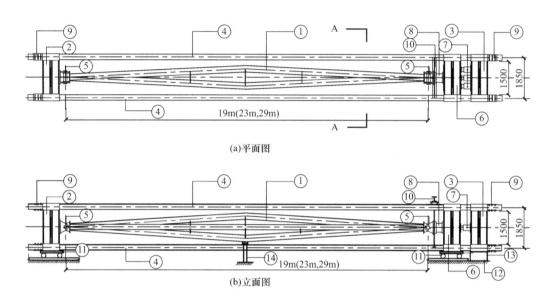

(a)平面图

(b)立面图

图 12.8　承力架示意图

1—足尺试件（人字形柱）；2—移动支座平台（柱底）；3—固定支座平台；4—H 型钢拉杆；5—铰支座；
6—传力支座平台；7—同步加载油压千斤顶；8—压力传感器；9—支座平台限位板；10—移动支座机构（柱顶）；
11—平台车；12—轻便轨道；13—平台支撑；14—临时支撑

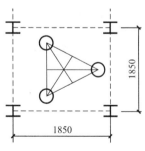

图 12.9　A-A 剖面

采用卧位试验方法，将实际工程中斜立柱改为水平放置，水平轴向加载。通过卧位试验得到的结果可作为斜立柱的实际承载力的试验结果。根据有限元计算分析结果，较短柱的极限承载力接近 7000kN，为确保实现破坏性试验目的，承力架（图 12.8、图 12.9）按承受 8000kN 集中荷载进行设计。

12.3.3　试验结果

（1）29m 柱

29m 柱破坏形状为"S"形，挠度值相对较大位置处的有关测试曲线如图 12.10 所示。

（2）23m 柱

23m 柱在整体侧向位移较大后，单肢先失稳破坏。有关截面测点曲线如图 12.11 所示。

（3）19m 柱

19m 柱鉴于向上初始缺陷较大，失稳后破坏形状为向上半波，有关曲线如图 12.12 所示。

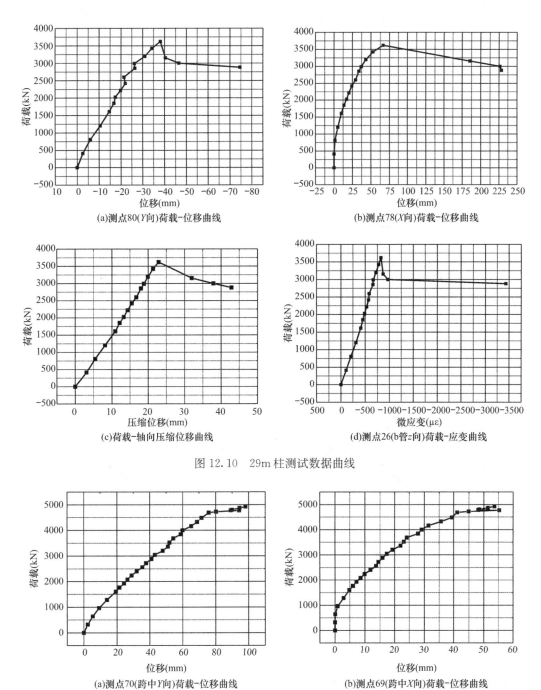

(a)测点80(Y向)荷载-位移曲线

(b)测点78(X向)荷载-位移曲线

(c)荷载-轴向压缩位移曲线

(d)测点26(b管z向)荷载-应变曲线

图 12.10　29m 柱测试数据曲线

(a)测点70(跨中Y向)荷载-位移曲线

(b)测点69(跨中X向)荷载-位移曲线

图 12.11　23m 柱测试数据曲线（一）

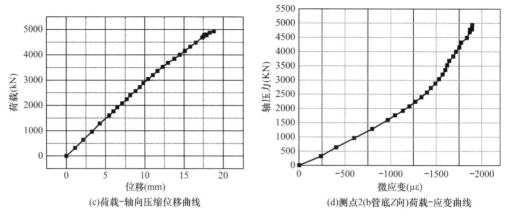

(c)荷载-轴向压缩位移曲线   (d)测点2(b管底Z向)荷载-应变曲线

图 12.11　23m 柱测试数据曲线（二）

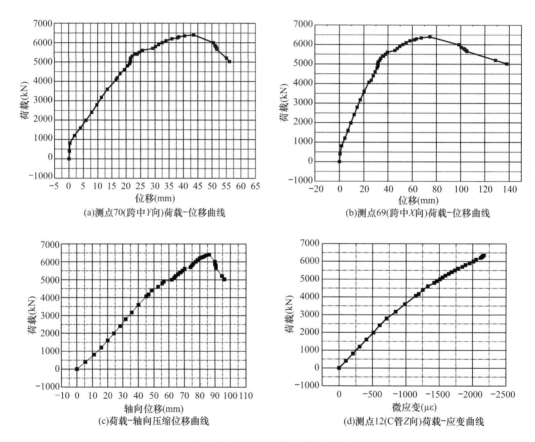

(a)测点70(跨中Y向)荷载-位移曲线   (b)测点69(跨中X向)荷载-位移曲线

(c)荷载-轴向压缩位移曲线   (d)测点12(C管Z向)荷载-应变曲线

图 12.12　19m 柱测试数据曲线

12.4　数值分析与试验结果比较

柱的数值分析采用 ANSYS 非线性有限元计算软件。稳定极限承载力比较见表 12.6。

承载力数值分析与试验情况比较表 表 12.6

序号	柱子尺寸（m）	计算极限承载力（kN）	试验极限承载力（kN）	计算与试验结果比较的误差
1	18.985	6400	6300	1.56%
2	22.922	5070	5300	4.54%
3	29.465	3740	3820	2.14%

从表中结果可知，二者误差较小，吻合很好。因此，用数值分析的极限承载力评价组合钢管组合柱设计的可靠性是可信的。

13 超大跨度箱形压型钢板屋面研究

13.1 概述

超大跨度箱形压型钢板是由两块压制成型的压型钢板扣合在一起的箱形截面压型钢板。

13.2 板型设计

钢板采用满足《连续热镀锌钢板及钢带》GB/T 2518 的连续热镀锌钢板或钢带，为"结构级"，性能级别为 250 级或 350 级，双面镀锌量≥275g/m²，其力学性能见表格 13.1。端板采用 Q235B 钢。

<table>
<tr><td colspan="6" align="center">压型钢板基板力学性能</td><td align="right">表 13.1</td></tr>
<tr><td rowspan="2">强度等级</td><td rowspan="2">$R_{p0.2}$
（N/mm²）</td><td rowspan="2">R_m
（N/mm²）</td><td rowspan="2">A_{80m}
（%）</td><td colspan="2">钢基 180°弯曲直径（d 横向）</td></tr>
<tr><td>板厚 $a<3mm$</td><td>板厚 $a≥3mm$</td></tr>
<tr><td>250 级</td><td>≥250</td><td>≥330</td><td>≥19</td><td>$1a$</td><td>$2a$</td></tr>
<tr><td>350 级</td><td>≥350</td><td>≥420</td><td>≥16</td><td>$3a$</td><td>$3a$</td></tr>
</table>

板截面如图 13.1 所示，由上半部分和下半部分组成。

上半部分以受压为主，顶面设有两条 16mm 宽×11mm 深边纵肋和一条 64mm 宽×16mm 深中纵肋，每隔 40mm 设有两条 50mm 宽×2mm 深横肋，两侧面上侧各设有 14mm 宽×2mm 深纵肋一道，以增强局部稳定性。

下半部分以受拉为主，但在风吸力作用下也常常受压，所以也设置了边纵肋、中纵肋和侧纵肋以增强局部稳定性。但照顾到建筑美观，下半部没有设置横肋，中纵肋也只有 3mm 深。

上下部分的连接方式可采用电阻点焊或铆钉，电阻点的间距为 50mm。

压型钢板之间的扣合连接可采用镀锌（或锌铝）自钻自攻钉，钉间距为 500mm，要求每个钢钉的抗拉和抗剪承载力设计值（同时受荷载时）均不小于 2kN。

为了研究连接方式，进行了拉铆钉、射钉、自钻自攻钉的现场试验。试验表明前两种方式均不理想。自钻自攻钉强度高，螺纹的抗拉强度大，因而具有较好的效果。

由于箱形压型钢板跨度大、刚度大，在曲面的屋盖上安装压型钢板时，压型钢板之间的扣合较为困难。为了便于安装，对连接部位进行了改进（图 13.2）。改进后，将下扣耳改为"L"形状，上下扣耳之间有±9mm 的调整间隙，板单元之间的间隙也由 93mm 增大到了 99mm，使安装工作大为便利。

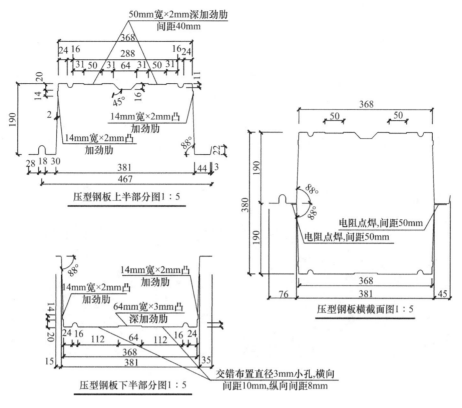

图 13.1　箱形压型钢板板型

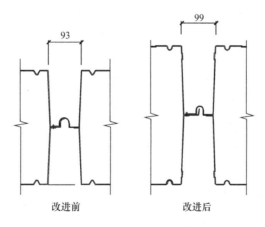

图 13.2　压型钢板扣合构造改进

13.3　数值分析

13.3.1　计算模型

箱形压型钢板是一组合的空间薄壁构件，由于板形较为复杂，需进行非线性有限元分析。分析考虑几何非线性（大位移）和材料非线性，进行屈服、屈曲、屈曲后全过程的受力分析。

荷载-位移曲线的上升段采用修正牛顿法求解非线性方程，在下降段采用弧长法求解，从而得到全过程的荷载-位移曲线。

计算模型按照实际截面尺寸和实际跨度（15.2m）建模（图 13.3）。由于薄壁构件，各种纵、横向的加劲肋对构件受力影响较大，建模时均按实际尺寸输入。

箱形压型钢板上下块之间的电阻点焊连接方式，也是对受力有较大的影响的细节。在建模时简化为 $\Phi3mm$ 的圆形截面梁单元（图 13.4），两端分别与上下部分的钢板刚接，材质与压型钢板相同。

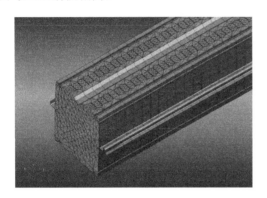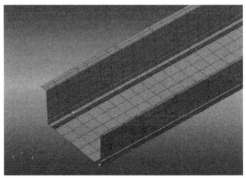

图 13.3　箱形压型钢板有限元模型

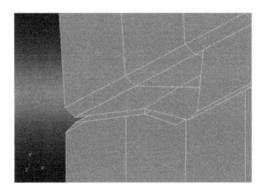

图 13.4　上下部分连接计算模型

端板与压型钢板的连续对接焊缝连接采用共用节点直接耦合模拟。

钢材均采用理想弹塑性模型，屈服准则为 Von Mises。端板屈服强度为 235N/mm²，压型钢板屈服强度为 350N/mm²，压型钢板强度不考虑冷弯效应。

取单根单跨简支组合板作为计算单元。根据金属屋面构造，沿屋面分布的荷载换算为沿箱形压型钢板上翼缘平直部分的均布荷载。

箱形压型钢板下翼缘设交错布置了直径 3mm 小孔，横向间距 10mm，纵向间距 8mm。孔很多很密，给有限元分析带来了困难。因此按有效横截面面积等效简化为非开孔下翼缘再进行有限元分析。

有限元网格均采用自动网格技术自动划分。

13.3.2　数值分析结果

13.3.2.1　线性屈曲分析

分析了箱形压型钢板简支板的前 20 阶屈曲模态。其中第 1～11、14、19 模态均为下半部分下翼缘局部屈曲模态，第 12 和 13 模态为上半部分上翼缘局部屈曲模态，第 15～18、20 模态为上半部分上翼和侧板同时局部屈曲模态。第 1、12、15 局部屈曲模态如图 13.5 所示。

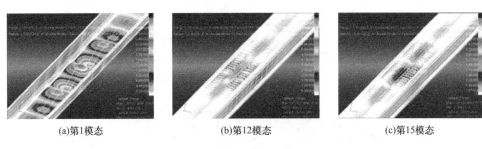

(a)第1模态　　　　　　　(b)第12模态　　　　　　　(c)第15模态

图 13.5　箱形压型钢板屈曲模态

分析表明，下翼缘由于加劲肋数量少且刚度小，受压时较易局部屈曲，屈曲系数（绝对值）比上半部分低 24%。因此在某些屋盖部位，例如悬臂部位和风吸力较大的部位，宜加强措施，本工程采用内嵌 H 型钢的箱形压型钢板。

上半部分屈曲形态显然不同于下半部分，表明加劲肋对局部屈曲有较大的影响，深而宽的中纵肋以及密集分布的横肋使局部屈曲的区域明显较小，从而明显提高了局部屈曲承载力。

13.3.2.2　非线性屈曲分析

分析表明，箱形压型钢板的受力可分为线性阶段、弹塑性阶段、屈曲阶段、屈曲后阶段（图 13.6～图 13.9）。压型钢板屈曲时，上翼缘呈波浪状屈曲，上半部两侧壁局部向外鼓出。屈曲后箱形压型钢板变形发展迅速，呈弯折压扁状。

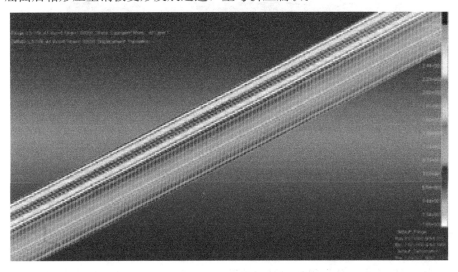

图 13.6　Von-Mises 应力及变形图—线性阶段

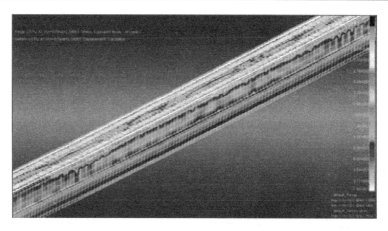

图 13.7 Von-Mises 应力及变形图—弹塑性阶段

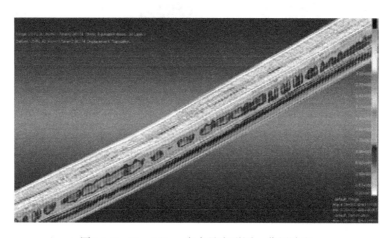

图 13.8 Von-Mises 应力及变形图—曲屈阶段

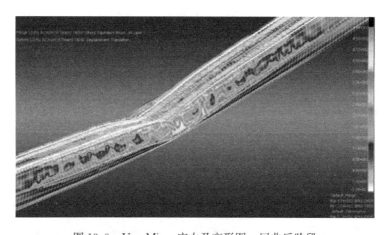

图 13.9 Von-Mises 应力及变形图—屈曲后阶段

分析得到的荷载-挠度全过程曲线如图 13.10 所示。在线性阶段曲线呈明显的曲线，刚度最大；进入弹塑性阶段后刚度开始减小；在极值附近，压型钢板屈曲。屈曲后位移增长较快，刚度明显减小。分析得到的极限荷载为 $3.97kN/m^2$，此时位移为 265mm。

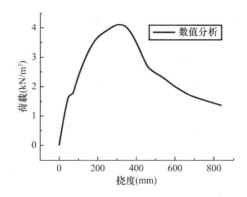

图 13.10 非线性数值分析结果：荷载—挠度曲线

13.4 试验研究

13.4.1 试件

试件为 1:1 足尺试件，截面形式有 A2、A3、A3 拼装组合三种，跨度有 12.8m 和 15.2m，壁厚有 1.4mm 和 1.6mm 两种，共 12 件试件。其中 A3 截面壁厚为 1.6mm，用于 15.2m 跨度，为本期工程新增的板型，其截面如图 13.11 所示。

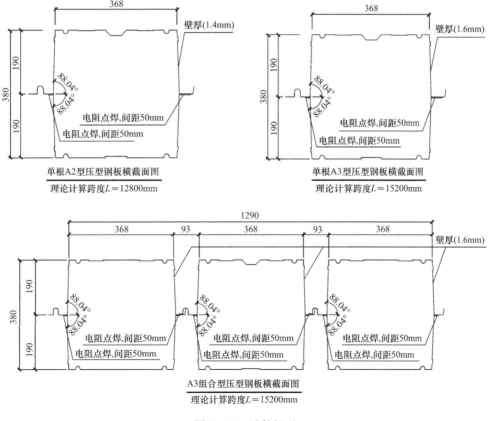

图 13.11 试件板型

第一组试件由三根单根 A2 型箱形压型钢板组成，编号分别为 J1-1，J1-2，J1-3。三根试件的理论计算跨度 L 均为 12.8m，钢板壁厚 t 均为 1.4mm。

第二组试件由三根单根 A3 型箱形压型钢板组成，编号分别为 J2-1，J2-2，J2-3。三根试件的理论计算跨度 L 均为 15.2m，钢板壁厚 t 均为 1.6mm。

第二组试件由三根单根 A3 型箱形压型钢板组成，编号分别为 J2-1，J2-2，J2-3。三根试件的理论计算跨度 L 均为 15.2m，钢板壁厚 t 均为 1.6mm。

第四组试件由三根单根改良后的 A3 型箱形压型钢板组成，编号分别为 J4-1，J4-2，J4-3。三根试件的理论计算跨度 L 均为 15.2m，钢板壁厚 t 均为 1.6mm。

13.4.2 加载装置

加载装置详见图 13.12 和图 13.13。

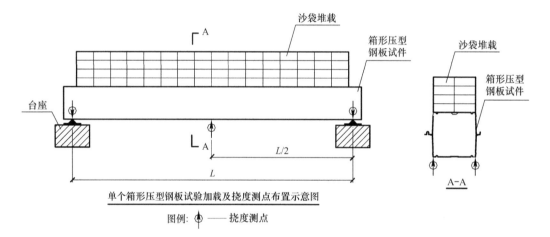

单个箱形压型钢板试验加载及挠度测点布置示意图

图例： ⊕ —— 挠度测点

图 13.12 单根试件加载装置示意图

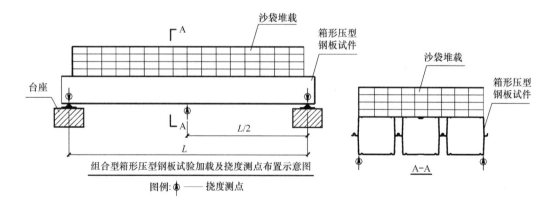

组合型箱形压型钢板试验加载及挠度测点布置示意图

图例： ⊕ —— 挠度测点

图 13.13 拼装组合型试件加载装置示意图

13.4.3　试验结果

13.4.3.1　测点布置

测点布置详见图 13.14。

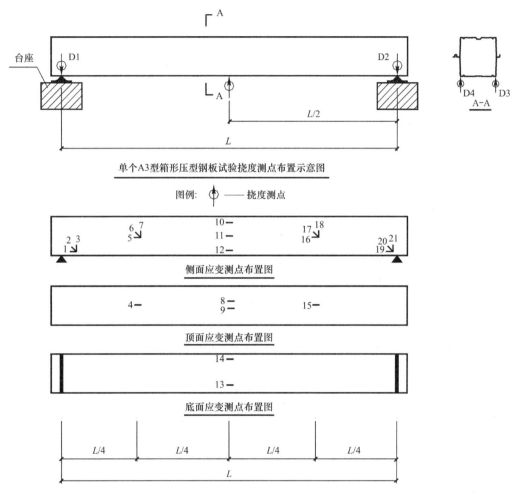

图 13.14　单根 A3 型试件挠度及应变测点布置示意图

13.4.3.2　试验现象及数据分析

（1）破坏形态

各试件的破坏形态均为局部失稳破坏，随着荷载的增加，首先在侧翼缘钢板出现隐约可见的出平面凸起和凹陷交替局部失稳现象。继续加荷导致梁最终失稳破坏，破坏时梁跨中处产生上翼缘的凹陷和侧翼缘钢板的出平面凸起，侧向连接板也发生侧向弯曲，但点焊点没有脱开。梁在卸去荷载后，有一定的弹性恢复，但由于侧板的凹曲失稳，致使变形没有完全恢复，有较大的塑性变形。

（2）荷载—挠度曲线（图 13.15）

（3）试件承载力（表 13.2）

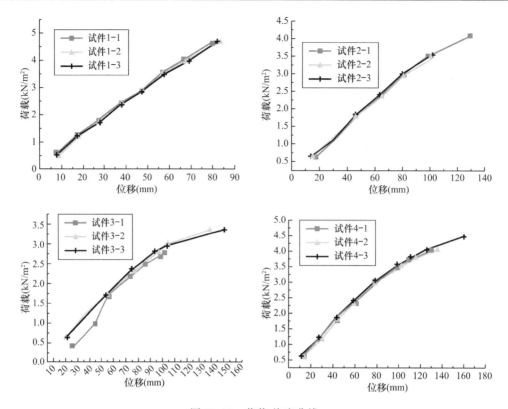

图 13.15　荷载-挠度曲线

试件承载力　　　　　　　　　　　　　　表 13.2

组号	试件编号	各阶段对应的等效均布荷载值 q（kN/m²）			备注
		$\Delta = L/200$	$\Delta = L/150$	破坏时	
第一组	J1—1	3.872	4.888	5.095	
第一组	J1—2	3.771	4.782	5.095	
第一组	J1—3	3.810	4.760	5.095	
第二组	J2—1	2.744	3.583	4.291	
第二组	J2—2	2.715	3.485	3.754	
第二组	J2—3	2.699	3.508	4.022	
第三组	J3—1	2.238	2.778	/	未加至破坏
第三组	J3—2	2.351	2.929	3.519	
第三组	J3—3	2.308	2.913	3.519	
第四组	J4—1	2.894	3.507	4.469	
第四组	J4—2	2.914	3.522	4.469	
第四组	J4—3	2.856	3.437	4.469	

注：表中 $\Delta = L/200$ 和 $\Delta = L/150$ 所对应的荷载根据荷载-位移曲线线性差值取得。

13.5　数值分析与试验结果比较

数值分析与试验得到的荷载-挠度曲线如图 13.16 所示。两者在线性阶段十分接近，进入弹塑性阶段后挠度的数值分析结果偏大。数值分析结果比试验的极限荷载稍小一些，但比较接近，且偏于安全。试验得到的极限荷载为 4.112kN/m²，数值分析得到的极限荷载为 3.97kN/m²，相差 3.6%。说明采用非线性有限元法计算箱形压型钢板的极限荷载是可行的。

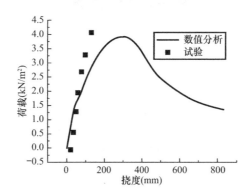

图 13.16　荷载-挠度曲线（数值分析与试验比较）

但两者挠度计算结果相差稍大，主要原因有：

1）数值计算中，偏于安全地忽略薄壁构件冷弯效应；

2）数值计算中，偏于安全地简化成理想弹塑性材料模型，没有考虑应力-应变曲线的强化段；

3）数值计算中，上下部分的点焊连接采用 $\varPhi$3mm 可能偏小，其大小宜通过试验确定；

4）有限元网格划分受到计算机容量限制。

14

复杂节点研究

14.1 概述

节点设计是钢结构设计的关键，节点的构造对结构受力、安装、造价均有很大的影响。节点形式多样，需要根据受力要求进行专门设计。

14.2 管桁架相贯节点

14.2.1 等强坡口焊缝管相贯焊接

白云机场 T1 航站楼工程提出一种等强坡口焊缝管相贯焊接设计方法。

等强坡口焊缝管相贯焊接是采用全焊透坡口焊缝连接的相贯连接，焊缝连接形式为对接，焊接强度与母材等强。与全周角焊缝或部分角焊缝、部分对接焊缝相贯焊接相比，具有焊接量少、焊接变形小、承载力大、抗疲劳性能好、外观好等优点。

焊缝不设垫板，采用单面焊接双面成形焊接工艺进行焊接。常规的对接节点一般要求带垫板或反面清根，以保证实现全焊透。但是对于管相贯连接，尤其是圆管相贯连接，垫板的加工和安装都非常困难，又无法反面清根，无法采用常规的焊接工艺。

采用带变化坡口的空间相贯线设计，相贯节点等强坡口焊缝连接做法参考英国标准 BS 5135—1984，并加以改进、完善，详见图 14.1。

相贯线切口需要开角度变化的坡口，相贯线上任一点的坡口角度与该点的局部二面角 ψ 及焊缝尺寸有关。

焊根处留有 2~3mm 的焊接间隙，以保证焊缝焊透。对于方（矩）形管，设置焊缝垫板相对方便，也可采用带垫板的全焊透坡口焊缝连接。

适用条件：

1) 支管壁厚 $t \leqslant 30mm$，最小壁厚按构造要求，通常用于 $t \geqslant 6mm$ 的支管；

2) 管径 $d_1/d_0 \leqslant 1$ 或管宽度 $b_1/b_0 \leqslant 1$；

3) 支管轴线与主管轴线的夹角 $\theta \geqslant 30°$。

优点：

1) 焊缝强度高，连接承载力大。与角焊缝比，可用于较厚的支管连接，强度提高 30% 左右；与非等强（局部熔透）比，强度提高 30%；

2) 充分发挥节点承载力，避免焊缝破坏先于管材破坏；

3) 提高节点延性，避免焊缝破坏，控制塑性变形产生于延性较好的母材区域。

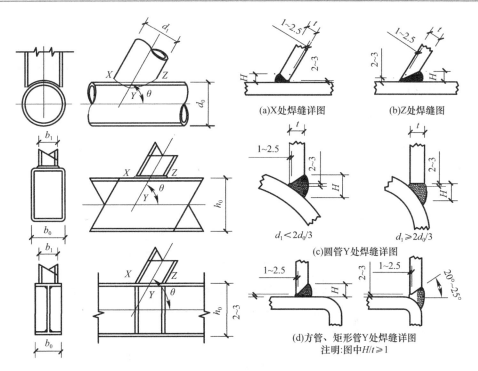

图 14.1　相贯管节点等强坡口焊缝连接

14.2.2　等强坡口焊缝质量检测

我国尚无圆管相贯焊缝的质量评定方法，因此，根据圆管相贯焊接的特点和参照《焊接球节点钢网架焊缝 超声波探伤及质量分级法》JG/T 3034.1—1996 提出了圆管相贯焊缝的质量等级及质量评定方法。

相贯圆钢管轴线夹角（锐角）≤75°时，相贯焊缝划分为 A、B、C 区（图 14.2），A、B 区的焊缝质量等级为二级，C 区的焊缝质量等级为三级。

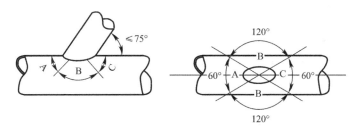

图 14.2　圆管相贯焊缝分区图

当钢管轴线所夹锐角≥75°时，焊缝质量等级为二级。

对于焊缝质量等级为二级的全焊透相贯焊缝，按照《钢结构工程施工及验收规范》GB 50205—2001 进行内部缺陷超声波探伤。圆管等强坡口相贯焊缝探伤方法和评定方法参照《焊接球节点钢网架焊缝 超声波探伤及质量分级法》JG/T 3034.1—1996，允许局部的末熔透缺陷，允许的末熔透缺陷为：

1）当壁厚 δ<8mm，回波幅度在 DAC 曲线Ⅱ区，且低于 UF，指示长度≤δ，其总长≤15%焊缝周长；

2）当壁厚 δ≥8mm 时，回波幅度在 DAC 线Ⅱ区，且低于 UF，指示长度为≤δ，其总和≤20%焊缝周长。

14.2.3 相贯线隐藏区段设计

在每段管桁架组装时，通常先要在胎架上定位和安装该段桁架的所有杆件，然后用点焊临时固定成形，最后再对每根桁架杆件的相贯线进行正式焊接（图 14.3）。

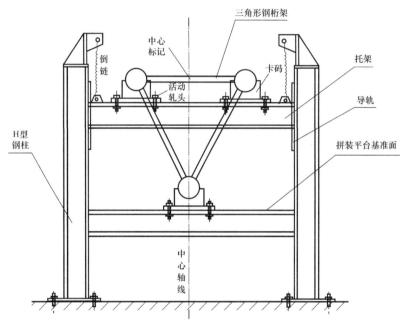

图 14.3 桁架组装

结果导致相贯线的隐藏区段 A（图 14.4）无法焊接。

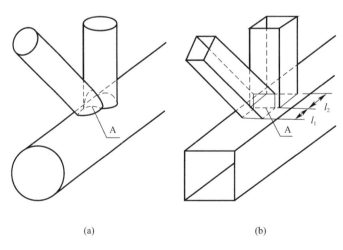

（a）　　　　　　　　（b）

图 14.4 相贯线隐藏区段

　　试验证明当两根支管内力的垂直分量之差大于 20% 时，必须考虑相贯焊缝隐藏区段的焊接问题[4]。

　　解决方法有：

　　1）偏心节点法：采用有偏心相贯节点，避免支管搭接；

　　2）鼓形节点法：节点区主管管径局部加大，避免支管搭接；

　　3）耳板连接法：相贯节点改为耳板连接节点；

　　4）铸钢节点法：采用铸钢技术将节点区主管和各支管铸成一体；

　　5）锻钢节点法：采用实心锻钢，具有承载能力高、材质质量好、焊接性能好等优点。

14.3　人字形柱铸钢下支座

　　人字形柱下端支座设计为铰支座（如图 14.5），主要的转动方向是绕垂直于主桁架平面的轴转动，故设计成圆柱形铰支座，使得钢屋盖沿径向的水平约束释放。支座的底座为整体铸造的铸钢件，人字柱柱端的铸钢件分两段：一段是三根分肢柱相贯部位铸钢件，一段是柱脚，两段都是整铸的铸钢件。支座通过锚栓固定在基础上，支座的水平力通过设置在支座底板的 18Φ30 抗剪钉传递给基础。铸钢采用 GS-20Mn5N 可焊铸钢。

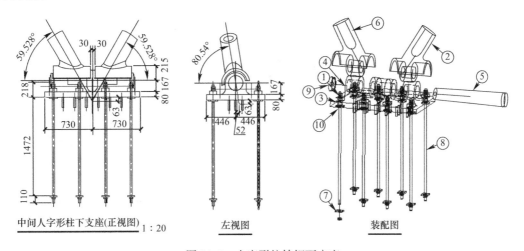

图 14.5　人字形柱铸钢下支座

1—六角螺母；2—人字形柱脚 2；3—垫板；4—底板；5—铰轴；6—人字形柱脚 1；
7—锚固板；8—锚栓；9—铰轴螺母；10—安装支承板

14.4　人字形柱铸钢上支座

　　连接楼主桁架下弦节点支承在人字形柱上端，连接节点为铰接。节点处还有纵向桁架的下弦杆和腹杆，交汇的杆件有 12 条（包括弦杆）。节点整体浇注，为空腔结构（图 14.6）。

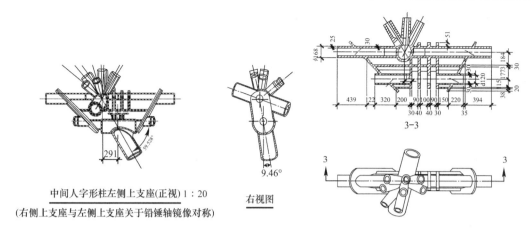

中间人字形柱左侧上支座(正视) 1：20

(右侧上支座与左侧上支座关于铅锤轴镜像对称)

右视图

图 14.6　人字形柱铸钢上支座

14.5　人字形柱铸钢端节点

人字柱的端部是三根管的相贯汇交点，三根管之间的夹角很小，只有 3°3′36″，若用焊接难以保证连接质量，采用铸钢技术较为合适（图 14.7）。铸钢采用 GS-20Mn5N 可焊铸钢。

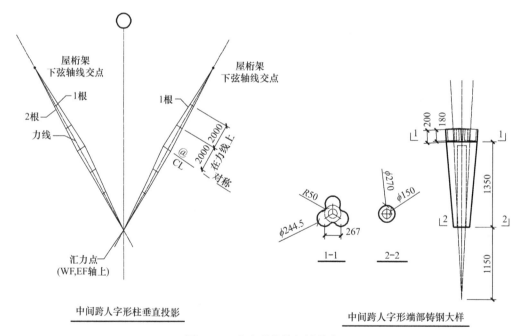

中间跨人字形柱垂直投影

中间跨人字形端部铸钢大样

图 14.7　人字形柱铸钢端节点

14.6　新型三向受力球铰钢支座

主桁架中柱支座设计为球铰支座，为抵抗上拔力，设置了 4M60 带压缩弹簧的抗拔螺栓。支座通过锚栓与钢筋混凝土支承柱连接，水平力通过3块矩形抗剪板传给支承柱。位于中柱支座处的桁架节点是一个12管汇交的铸钢节点。铸钢采用GS-20Mn5N可焊铸钢（图14.8）。

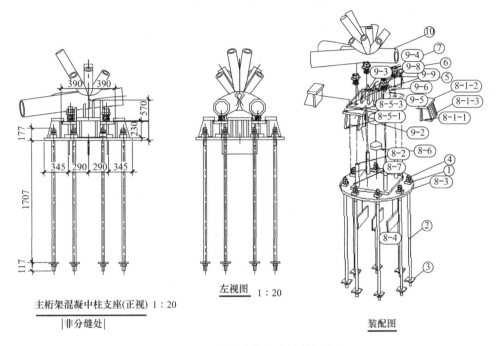

图 14.8 连接楼主桁架中柱铸钢支座

1—垫板；2—锚栓；3—锚固板；4—六角螺母；5—压缩弹簧；6—弹簧垫板；7—六角螺母；8—底座；
8-1—横向抗侧-抗拉件；8-1-1—竖板；8-1-2—抗拉板；8-1-3—抗侧板；8-2—连接螺柱；
8-3—底板；8-4—抗剪板；8-5—纵向抗侧-抗拉件；8-5-1—抗侧板；8-5-2—竖板；8-5-3—抗拉板；
8-6—下球铰；8-7—下球铰垫板；9—上盖；9-1—基板；9-2—上球铰；9-3—支承板1；9-4—支承板2；
9-5—支承板3；9-6—支承板4；9-7—支承板5；9-8—支承板6；9-9—支承板7

14.7 新型体内预应力桁架支座

体内预应力桁架支座采用铸钢节点形式，既是桁架的单向固定铰支座，又是支座处各空间杆件的交汇点，同时是预应力拉索的锚固端（图14.9）。此铸钢节点的受力和构造都比较复杂，而建筑工种对其外观也较为重视，要求外轮廓为平滑曲面构成，且各部件维持一种"有机、美观"的外形和比例。经过两个工种间的密切配合，充分考虑了受力、功能、外观等要求，最终确定了节点的具体形式，结构、建筑同时取得了较好的效果。

桁架预应力拉索有两束，避开桁架悬臂段的下弦杆，斜穿铸钢节点进入桁架中跨简支段的下弦杆后，再沿着下弦杆在钢管内平行布索。拉索两端采用带防松脱装置和保护罩的夹片锚具，对拉索采取的防腐措施有：钢绞线本身镀锌并涂有防腐油脂；钢绞线露出部分涂冷镀锌（锌加：ZINGA）80μm；保护罩带中性硅胶密封圈以隔绝空气。节点和桁架杆件间用全熔透焊缝连接，每套支座节点的用钢量约为2.1t。铸钢采用GS-20Mn5N可焊铸钢。

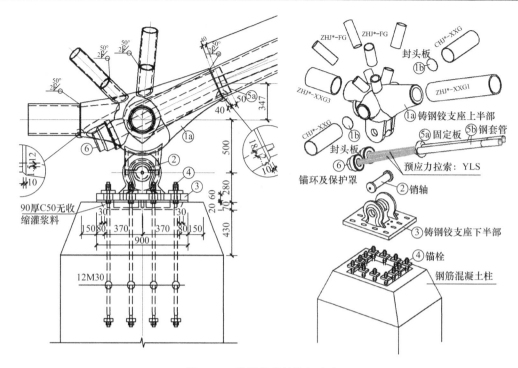

图 14.9　指廊柱顶处桁架支座

14.8　数值分析

铸钢节点采用 ANSYS 进行三维实体非线性有限元分析。对于装配件，按装配件整体建模，考虑零件之间的接触受力，使力学分析更接近实际受力。材料采用理想弹塑性模型，屈服准则采用 Von-Mises。

人字形柱下支座的有限元模型和荷载（包括约束）如图 14.10 所示。

(a)有限元网格　　　　　　　　(b)荷载与边界条件

图 14.10　人字形柱下支座有限元模型

人字形柱下支座在 3Fk（Fk 为内力标准组合值）时弹塑性分析结果（作用力向内）如图 14.11 所示。

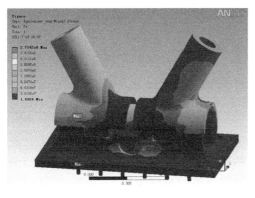
(a)Von-Mises应力

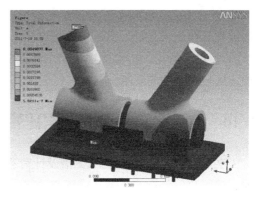
(b)位移

图 14.11　弹塑性分析结果

14.9　试验研究

试验工作委托东南大学完成。

14.9.1　试验模型

试验模型采用足尺模型。进行了人字形柱下支座、人字形柱上支座、连接楼主桁架中柱支座三个铸钢支座足尺试件的试验，见图 14.12～图 14.14。

图 14.12　人字形柱下支座试验装置

图 14.13　人字形柱上支座试验装置

14.9.2　试验结果

1）根据试验数据，各支管端部主要受轴力作用，且最大应力值均小于钢材的屈服强度。试验数据中同一支管的 4 个单向片测点应力值存在一定差异，这主要是由于反力架有所变形；

2）试验所布三向应变花测点的实测折算应力也均小于钢材的屈服强度，其中 σ_1 和 σ_2 值在加载过程中基本呈线性增加；

图 14.14　连接楼主桁架中柱支座试验装置

3）3 个铸钢节点的变形值，在加载过程中也为线性状态。在节点卸载之后弹性变形均能恢复其初始状态；

4）由以上数据，可得连接楼 3 个铸钢节点在 1.2 倍设计荷载作用下均处于弹性受力阶段，满足安全性的要求。

14.10 数值分析与试验结果比较

人字形柱下支座 a_1 管在 1.2 倍设计荷载下的轴向位移为 1.4mm，各测点均处于弹性阶段；按照数值分析的结果，a_1 管在 1.2 倍设计荷载下的轴向位移为 1.6mm，处于全弹性阶段。数值分析结果与试验结果基本相符。

参考文献

［1］　CIDECT. Design Guide for Circular Hollow Section（CHS）Joints under Predominantly Static Loading. Verlag TUV Rhein and，Cologne，Germany，1991. ISBN 3-88585-975-0.

［2］　CIDECT. Design Guide for Rectangular Hollow Section（RHS）Joints under Predominantly Static Loading. Verlag TUV Rhein and，Cologne，Germany，1992. ISBN 3-8249-0089-0.

［3］　CIDECT. Hollow Sections In Structural Applications. 2nd Edition.

［4］　CIDECT. Design Guide For Fabrication，Assembly And Erection Of Hollow Section Structures.

［5］　SFS-EN ISO 14713：1999 Protection against corrosion of iron and steel in structures-Zinc and aluminium coatings -Guidelines.

［6］　BS 5493：1977 Code of practice for Protective coating of iron and steel structures against corrosion.

［7］　曾得龙. 三峡工程金属结构涂装材料耐是性能研究. ［J］人民长江，1999，30（5）：8-10.

［8］　［英］D. A. 贝利斯，等. 钢结构的腐蚀控制（原著第二版）［M］. 丁桦，等. 译. 北京：化学工业出版社，2005.

［9］　刘新，时虎. 钢结构防腐和防火涂装［M］. 北京：化学工业出版社，2005.

［10］　张忠礼. 钢结构热喷涂防腐蚀技术［M］. 北京：化学工业出版社，2004.

［11］　Denny A. Jones. Principles and Prevention of CORROSION. Prentice-Hall，Inc. ，1996.

［12］　浙江大学普通化学教研组. 普通化学［M］.3 版. 北京：高等教育出版社，1996.

［13］　林玉珍，杨德钧. 腐蚀和腐蚀控制原理［M］.2 版. 北京：中国石化出版社，2018.

［14］　高瑾，米琪. 防腐蚀涂料与涂装［M］. 北京：中国石化出版社，2007.

［15］　ICC. International Building Code 2000.

［16］　周起敬，姜维山，潘泰华. 钢与混凝土组合结构设计施工手册［M］. 北京. 中国建筑工业出版社，1994.

［17］　ANSI/ASCE 3-91. Standard for the Structural Design of Composite Slabs.

［18］　何敏，吕兆华，马人乐，等. 宝冶 U76 压型钢板-混凝土组合楼板纵向抗剪承载力试验［J］. 结构工程师，2005，21（6）：61-63，71.

［19］　本书编委会. 建筑结构静力计算手册［M］. 北京：中国建筑工业出版社，1998.

［20］　ENV 1993-1-1：1992. Desing of steel structures -General rules and rules for buildings.

［21］　J. A. Packe，J. E. Henderson. 空心管结构连接设计指南［M］. 曹俊杰. 译. 北京：科学出版社，1997.

［22］　TensilNet. Brain Forster，Marijke Mollaert. European Design Guide for Tensile Surface Strctures. Leonberg，Germany，2004. ISBN 90 8086 871 x.

［23］　DIN 4134—1983. Tragluftbauten；Berechnung，Ausführung und Betrieb（气承结构 结构设计、建造和操作）.

［24］　Minte，J. Das mechanische Verhalten von Verbindungen beschichteter Chemiefasergewebe，RWTH Aachen，Diss. 1981.

［25］　DIN 18800-1—1990. Structural steelwork-Design and construction.

［26］　AISC ASD—1989. Specification for Structural Steel Buildings-Allowable Stress Design and Plastic Design.

［27］ AISC LRFD—1999．Load and Resistance Factor Design Specification for Structural Steel Buildings.

［28］ ASCE 7—95．Minimum Design Loads for Buildings and Other Structures.

［29］ 李恺平，梁子彪，劳智源．广州白云机场东三、西三连接楼钢结构设计［J］．钢结构．2007，22（2）：43-47.

［30］ 李桢章，梁志，李恺平，李伟锋，廖旭钊，陈文祥，伍国华，陈晓航．广州新白云国际机场航站楼钢结构设计［J］．建筑结构学报．2002，23（5）：78-83.

［31］ 陈国栋，郭彦林，梁志，李伟峰．广州新白云国际机场航站楼结构分析的关键问题［J］．建筑结构学报．2002，23（5）：11-17.

［32］ 梁志．广州新白云国际机场航站楼主楼钢结构节点设计［J］．钢结构．2001，16（6）：5-8.

［33］ 梁志，李伟峰．广州新白云国际机场航站楼主楼钢结构设计［J］．钢结构．2001，16（6）：1-4.

［34］ 李恺平，陈晓航．广州新白云国际机场连接楼及连接桥钢结构设计［J］．钢结构．2003，18（4）：5-9.

［35］ 廖旭钊．广州新白云国际机场指廊钢结构设计［J］．钢结构．2003，18（4）：1-4.

［36］ 廖旭钊．新白云机场扩建三指廊钢结构设计［J］．建筑结构．2007，37（9）：64-66，19.